Research on Differentiated and
Coordinated Development of
COMPREHENSIVE NATIONAL
SCIENCE CENTERS

综合性国家科学中心
差异化协同发展研究

李 媛 ◎著

中国财经出版传媒集团

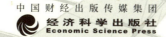

经济科学出版社
Economic Science Press

图书在版编目（CIP）数据

综合性国家科学中心差异化协同发展研究/李媛著.
—北京：经济科学出版社，2022.4
ISBN 978 - 7 - 5218 - 3574 - 8

Ⅰ.①综… Ⅱ.①李… Ⅲ.①科学中心 - 协调发展 -
研究 - 中国 Ⅳ.①G311

中国版本图书馆 CIP 数据核字（2022）第 055530 号

责任编辑：初少磊 杨 梅
责任校对：郑淑艳
责任印制：范 艳

综合性国家科学中心差异化协同发展研究

李 媛 著

经济科学出版社出版、发行 新华书店经销

社址：北京市海淀区阜成路甲 28 号 邮编：100142

总编部电话：010 - 88191217 发行部电话：010 - 88191522

网址：www. esp. com. cn

电子邮箱：esp@ esp. com. cn

天猫网店：经济科学出版社旗舰店

网址：http://jjkxcbs. tmall. com

北京季蜂印刷有限公司印装

710×1000 16 开 14.25 印张 220000 字

2022 年 7 月第 1 版 2022 年 7 月第 1 次印刷

ISBN 978 - 7 - 5218 - 3574 - 8 定价：65.00 元

（图书出现印装问题，本社负责调换。电话：010 - 88191510）

（版权所有 侵权必究 打击盗版 举报热线：010 - 88191661

QQ：2242791300 营销中心电话：010 - 88191537

电子邮箱：dbts@ esp. com. cn）

前　言

我们所处的时代是大科学时代，人类面临的诸多难题都需要通过科技创新来破解。21 世纪以来，全球科技创新进入空前密集活跃的时期，世界各国纷纷将科技创新作为提升经济实力、提高综合国力、推动人类文明进步的共同战略选择。为在新一轮科技革命和产业变革中赢得主动权，在构建全球创新治理新格局和人类命运共同体中贡献中国智慧，我国更是将科技创新摆在了全国发展的核心位置。

2021 年是我国"十四五"全面擘画和第二个一百年奋斗目标的开局之年，2022 年是党的二十大召开之年，也是实施"十四五"规划承上启下的关键之年。在这样重要的历史节点，我国面临的国内外环境愈发错综复杂。当今世界正经历百年未有之大变局，全球化进程出现阻滞，单边主义和贸易保护主义抬头，新冠肺炎疫情仍在盘桓，全球产业链、供应链、价值链均遭受严重冲击。尽管我国已进入高质量发展阶段，在经济、科技、制度、民生、生态文明等方面都取得了显著成效，但发展不平衡不充分问题依旧突出，脱贫攻坚仍然任重而道远，重点领域、关键环节改革任务仍然艰巨，基础研究、原始创新能力的"瓶颈"亟待突破，与发达国家之间仍存在着"创新鸿沟"，还无法满足高质量发展的要求。

面对复杂的环境，国家"十四五"规划明确提出要"持之以恒加强基础研究""建设重大科技创新平台"，并指出"支持北京、上海、粤港澳大湾区形成国际科技创新中心，建设北京怀柔、上海张江、粤港澳大湾区、安徽合肥综合性国家科学中心，支持有条件的地方建设区域科技创新中心"。因此，综合性国家科学中心已成为知识经济时代代表国家在更高层次上参与全球科技竞争与合作的重要抓手，是提升基础研究实力、强化原始创新能力、增强国家战略科技力量的战略支点，这一重大创新平台的部署有利于从国家层面集中力量办大事，在科技前沿领域充分保持集中度与显示度。

要突破一批重大科学难题和前沿科技"瓶颈"，仅凭一家之力是远远不够的。上海、合肥、北京、粤港澳大湾区等核心城市（群）因区位条件、国家政策、资源禀赋等条件相对优渥而成为创新要素最为集中的地区，成为全国的创新高地与人才高地，具备广泛的国际影响力，这些都为成为肩负重大历史使命的综合性国家科学中心奠定了坚实基础。而上海张江综合性国家科学中心、安徽合肥综合性国家科学中心、北京怀柔综合性国家科学中心、粤港澳大湾区综合性国家科学中心的先后批复与建设，正是党的十八大以来，以习近平同志为核心的党中央以大思路、大手笔推动科技创新的缩影。现阶段四大综合性国家科学中心的科学目标也大致有三个方面：一是面向国家急迫需求和长远需求做好前瞻部署，构建面向未来科学大突破的项目形成机制；二是围绕创新主体整合科技资源配置，培育能够肩负国家战略使命、具有国际竞争力的科研创新力量；三是持之以恒地加强基础研究与原始创新，加快缩短与发达国家创新实力的差距。

本书共有八章，分别从综合性国家科学中心的概念、发展历程、功能特征、战略定位、组织结构、各自发展现状、建设中所面临的困境等方面加以详细分析与对比，在此基础上提出四大综合性国家科学中心如何实现差异化协同发展的路径建议。目前国内学者对科学高地的研究大多集中于全球科技创新中心、科学城或者国家创新型城市，有关综合性国家科学中心的研究成果少而零散，且大多停留于微观的、片面的、实践的层面，鲜有从宏观的、全面的、理论的层面去进行纵深拓展的思考。因此，希望本书能够帮助读者全面且深入地了解我国的四大综合性国家科学中心，认识当前形势，把握发展大势，顺势而为。

目 录

CONTENTS

第一章

相关概念论述及发展历程

本章将在全面搜集、阅读大量文献与书籍的基础上，对科技创新中心、科学城、综合性国家科学中心的产生背景、形成机制与国内外演进脉络进行详细梳理阐述，对三个概念分别进行综述、界定，辨析它们之间的异同，使研究范畴更加明确、研究重点更加突出。

第一节 科技创新中心相关概念论述及延展

目前，我们已进入一个创新全球化的时代。科技创新深刻影响着人类的生存、生产、生活，影响着国家和民族的前途、命运、发展，影响着世界的格局、环境、变化趋势。科技创新中心，尤其是硅谷、波士顿、旧金山、纽约、伦敦、特拉维夫、班加罗尔等全球科技创新中心，是一个国家科技创新资源的集聚中心、科技创新活动的控制中心，是综合科技创新能力的集中体现。所以，科技创新中心是一个大而全的概念，一般是指湾区城市群、大型城市或地区，具有创新要素集聚、空间共生、处于产业链的上游和中上游环节、创新链与产业链深度融合、一流的创新文化环境等特点。当前，主要发达国家已经过漫长的生产要素驱动阶段与投资驱动阶段，创新成为关键的发展驱动力。推进具有全球影响力的科技创新中心建设，已成为许多国家和地区应对日趋激烈的国际竞争、重塑全球经济结构、提升巩固在世界经济体系中地位的战略选择。

一、科技创新中心的演进历程与形成机制

系统探究"科技创新中心"的演进历程对于深入理解和准确把握其内涵本质大有裨益。回顾以往,大多数全球科技创新中心的兴起、更替往往都发生于历次重大技术革命出现之后。近现代以来,英国、法国、德国、美国、日本等国家先后形成了科技创新中心,首要原因在于这些国家抓住了每一次重大技术革命及相应的产业革命所带来的历史性机遇,进而占据了世界经济主导地位和科技创新领先地位。例如,蒸汽动力时代之于英国伦敦(1660~1730年),本国重工业体系发展之于法国巴黎(1770~1830年),以电气和化工为标志的"新工业"之于德国柏林(1810~1920年),积极应用移民政策吸引大量科技人才之于美国(1920年以后),每一次在不同区域转移造就的新的全球科技创新中心,都会成为世界科技发展的风向标,带来创新资源的跨国大转移,引起国际政治格局的消长变化与霸权更迭。

除科技革命以外,科技创新中心的形成、变更也与经济周期、制度创新、规划模式、知识经济等密切相关。首先,经济运行出现周期性波动有很多因素,其中一个重要原因就是新技术的出现。新技术不仅会促进经济由一种增长方式向另一种增长方式动态化转变,也会带来制度机制的革新,形成显著的创新集群,这些集群可以从一个区域转移至另一个区域,也能够推动经济周期的波幅,因此,科技创新中心的空间变更是经济周期波动的主要表现。其次,制度创新会重构新的增长极,推动经济在新轨道上转型升级,是科技创新中心形成的推动力。英国、美国、德国、法国、日本等发达国家的先进地区在成为科技创新中心之前,都为创新活动提供了良好的制度支撑。例如,英国的学徒制、专利制度;法国的技术学院、专业工程师制度;德国教学科研并重的高等教育体系、企业内部实验室制度;美国的大规模生产系统、移民制度、风险投资;日本的质量管理革命等,这些都是全球科技创新中心形成的重要推手。再次,在规划模式上,科技创新中心的形成大致分为自由主义经济模式、政府干预模式、政府市场协同模式三种,自由市场模式的典型案例是美国硅谷,政府干预模式的

典型代表是日本的"首都圈规划"① 与美国的 128 号公路,这种模式尽管可以短时间内较快提升创新水平,但容易扰乱市场秩序,限制科技创新中心的辐射力与成长性。政府市场协同模式的典型代表是英国牛津郡,② 在市场充分发挥作用的同时,政府通过政策法规加以引导,为企业和科研机构搭建合作平台,为科技创新活动解决实际困难。实践表明,政府市场协同模式在一定程度上优于自由市场模式,自由市场模式也在一定程度上优于政府干预模式。最后,科技创新中心的出现也是知识经济发展的结果,而知识的核心是科学技术。在知识经济时代,科学技术与劳动者、劳动资料、劳动对象日益融合,科技向产业转化的速度不断加快,并且成为一种新型产业形态逐渐壮大,③ 科技产业规模的发展,改变了城市功能,孕育了科技创新中心。

从时间轴来看,自工业化初期,科技创新中心的演进历程也基本遵循了萌芽阶段、发展阶段、稳定阶段的成长规律,不同成长阶段在驱动要素、创新思路、政府职能、产业集群等方面均表现出不同的特征(见表 1 - 1)。

表 1 - 1 科技创新中心成长的阶段性特征

成长阶段	萌芽阶段	发展阶段	稳定阶段
驱动要素	生产要素驱动	投资驱动	创新要素驱动
创新思路	大学、公共机构开展基础研究,大企业开展技术创新活动	各类企业创新活动频繁,区域性创新集群形成	聚焦关键核心技术突破与基础研究成果转化应用,开放性创新网络基本形成
政府职能	政府支出主要用于基础设施建设,贸易保护程度较高	支持科技创新活动,鼓励各类孵化器、技术服务中介发展,推动创业孵化与高校、科研院所等技术成果转移相结合,完善市场竞争规则,强化知识产权保护等	很少直接干预创新,注重制度体系与宜业宜居生态环境的持续改善

① 春燕、张宇飞:《东京全球创新网络节点城市建设:国家与地方的"退""进"协同》,载于《华东科技》2016 年第 6 期。

② 叶林、赵旭铎:《科技创新中的政府与市场:来自英国牛津郡的经验》,载于《公共行政评论》2013 年第 5 期。

③ 杜德斌:《全球科技创新中心动力与模式》,上海人民出版社 2015 年版。

续表

成长阶段	萌芽阶段	发展阶段	稳定阶段
产业集群	制造业产业集群为主，或大学科技园区	高端制造业等技术密集型产业集群占据主要地位，金融、贸易等现代服务业崛起	知识密集型产业集群为主，现代服务业、高端制造业转型升级、协同发展
代表性区域	欧美国家早期多数工业区，二战后初期日本东京周边	美国波士顿、西雅图等地，新加坡、中国台湾新竹、印度班加罗尔等地	旧金山湾区、纽约湾区、东京湾区、大伦敦地区（剑桥、牛津等）以及瑞典、芬兰等国家

二、科技创新中心概念综述

科技创新中心的概念经历了一个延伸、拓展、升华的演变过程，最早可追溯至英国科学学创始人贝尔纳（John Desmond Bernal，1959），他首次提出了类似"科技创新中心"的"世界科学活动中心"的概念，并在著作《历史上的科学》中揭示了科学进步在世界范围内的不均衡增长，刻画出科学活动中心在世界范围内随时间流动的概貌。1962 年，日本科学史家汤浅光朝提出"世界科学中心转移论"，当一个国家在一定时段内的科学成果数超过全世界科学成果总数的 25%，则该国家在此时段内处于世界科学中心，[1] 根据这个标准，世界科学中心共发生过五次创新资源跨国大转移（意大利→英国→法国→德国→美国），每次维持时间约为 80 年。此后，我国科学家、科学计量学家赵红州（1984）利用自然科学大事年表，发现了与日本科学史学者汤浅光朝的研究不谋而合的"世界科学中心转移现象"。这一时期的学者，其研究主要强调随着时间的推进，科学研究活动在空间上的推移，当时的世界科学中心在空间上仅以"单极"的形式存在，且固定在国家层面，并未转移至城市或区域层面。从内容上来看，这一时期的科学家们更强调科学研究对国家科技地位发展的作用。而事实证明，以科研产出为标准评选出的世界科学中心的确是一个世纪以来在整体

---

[1] Yuasa M. Center of Scientific Activity：Its Shift from the 16th to the 20th Century. *Japanese Studies in the History of Science*，1962，1（1）：57 - 75.

科学领域对世界贡献最大的国家。截至 2020 年底，获得诺贝尔奖前十名的国家依次为美国（385 次）、英国（106 次）、德国（77 次）、法国（49 次）、瑞士（27 次）、瑞典（26 次）、日本（20 次）、俄罗斯（16 次）、荷兰（11 次）、意大利（11 次），前四名国家就是或曾经是世界科学中心。

到 20 世纪 80 年代，随着硅谷、班加罗尔等享誉世界的高科技产业区或科技活动中心的崛起，学术界对科技创新中心空间属性的研究也由国家层面下移至区域或城市层面，科技创新中心的空间存在形式也由"单极"向"多极"转变。鉴于"科技创新中心"这一表述的灵活性，"技术创新中心""技术成长中心""世界创新中心""全球创新城市""全球创新枢纽"等如出一辙的概念也相继涌现。联合国开发计划署（UNDP）发布的《2001 年人类发展报告》在此基础上提出"技术成长中心"（technology growth hubs）的概念；《MIT 技术评论》也进一步提出"世界创新中心"（world innovation clust）的定义。2011 年，澳大利亚智库 2ThinkNow 首先提出"全球创新城市"（global innovation city）的概念，将科技创新空间与城市紧密结合，并从文化资产、产业与基础设施、市场网络三个维度评选出全球最具影响的 100 个创新城市[1]（见表 1-2）。

表 1-2　　　　　创新中心相关概念的来源、核心要素与评估指标

概念	来源	核心要素	核心评估指标
全球技术创新中心	on line 杂志	创新动机、创新资源、创新载体、创新环境	高校和科研机构、知名公司和跨国公司、创业意愿、风险资本
技术成长中心	UNDP《2001 年人类发展报告》		
世界创新中心	《MIT 技术评论》	风险投资、顶级公司、顶级高校、高技术人才	
全球创新城市	2Think Now	文化资产、人力资本、市场网络	科技创新能力、科技成果产业化能力、文化创意能力

资料来源：杜德斌：《全球科技创新中心动力与模式》，上海人民出版社 2015 年版。

---

[1] 李美桂、赵兰香、张大蒙：《基于产业知识基础的北京科技创新中心建设研究》，载于《科学学研究》2016 年第 12 期。

　　随着科技创新战略的深入推进与我国应对科技全球化的严峻挑战，学术界也纷纷将目光投向对"科技创新中心"的解读。杜德斌等（2016）长期关注思考这一问题，并较早地给出全球科技创新中心的概念：全球科技创新资源密集、科技创新活动集中、科技创新实力雄厚、科技成果辐射范围广大，从而在全球价值网络中发挥显著增值功能并占据领导和支配地位的城市或地区，他认为全球科技创新中心主要涵盖科学研究、技术创新、产业驱动、文化引领四大功能。熊鸿儒（2015）认为全球科技创新中心拥有世界最先进知识、技术并能够代表世界最先进生产力、引领全球科技进步和产业升级，能够集聚各类创新要素和有影响力的科研组织，吸引高素质人才和拥有发达的资本市场，拥有比较完整适宜的创新链和产业链、大量高成长性的创新型企业，具有"宜居""宜业"的生活和商业环境。在"上海建设具有全球影响力科技创新中心北京高层专家咨询会议"中，吕薇等与会专家认为，全球科技创新中心越来越注重科技创新与产业、科技、文化等领域的相互渗透，兼具科学研究中心、经济中心、开放中心、创业中心、创新资本中心、创意文化中心的功能（钱智等，2015）。王德禄（2014）认为，科技创新中心是由科学中心演变而来，但创新中心是经济中心而非技术中心。这一说法突出了经济中心的核心综合功能，但并未否认其技术地位。肖林（2015）从要素支撑方面对科技创新中心予以定义，认为科技创新中心是具有国际化高端人才、一流大学和科研机构、众多创新创业企业、发达的科技金融服务、宽松的创新文化环境、完备的制度政策体系等六大要素的区域。骆建文等（2015）指出科技创新中心是具有密集的科技创新资源、雄厚的科技创新实力、发达的创新文化、浓郁的创新氛围、较强的科技辐射与带动城市群发展的中心城市，并扮演了新知识、新技术和新产品创新发源地和产生中心的角色。邓丹青等（2019）基于国内外学者的研究成果，提出科技创新中心是创新资源高度密集、创新文化高度发达、创新技术高度发展、创新网络高度融合的地区。王子丹等（2021）认为，国际科技创新中心是集聚大量高校院所、先进科研基础设施、高端产业、人才、资金等创新资源，拥有良好的创新创业环境，积极开展科学研究和技术创新活动，产生大量创新成果，具备较强的科技辐射带动力，不断推动全球产业转型升级的城市或地区。

总的来说，学术界现有的关于科技创新中心的诠释本同末异，大多围绕着特征、支撑要素、空间等方面，具体表现为：一是创新黏性高度集聚于个别区域性中心城市，并未聚焦空间格局的推移；二是区域内各类创新要素高度集中，包括科研院所、人才、技术、资本、产业、文化等，互相激发，形成"场效应"；三是能够催生大量的科技创新活动与科技成果，以产业需求为牵引的科技成果转化率高，"科技—转化—产业"生态链可持续发展，对产业与经济发展起到重要支撑作用；四是科技创新与城市发展互相促进、互为依托，科技创新带动高质量就业，高质量就业添创新底气；城市文化推动创新，创新引领文化繁荣；五是科技创新中心对周边区域具有强大的辐射力，如北京带动京津冀地区，上海带动长三角地区，统筹周边区域生产力布局，引领协同发展；六是科技创新中心通常处于国际科技创新枢纽的重要节点上，是全球创新活动的控制中心与创新资源的集中之地，引领全球产业转型升级。

结合科技创新中心发展历程及已有研究成果，本书认为，科技创新中心是国家战略、政府引导与市场化运作共同作用的结果，是科研院所、人才、技术、资本、企业等创新要素高度集聚、自由流动，科技创新、产业创新、制度创新、开放创新协同推进之地，科技创新中心拥有全球一流的创新生态，能够解决重大科学问题，催生变革性技术，对周边城市群产生强大的辐射带动力，并能够引领全球技术升级、产业升级和经济可持续发展。

三、科技创新中心在我国的区域协同格局

对于我国来说，尽管近年来重大科技创新成果不断积累，但基础研究薄弱、原始创新内生动力不足、面临一系列"卡脖子"重大科学难题等仍是我国科技创新的"软肋"。要实现更多"从0到1"的转化、从无到有的突破，摆脱"拿来主义"的窘境，贯彻落实国家创新驱动发展战略，建设创新型国家，科技创新中心是抓手、是载体，也是基点。2014年2月，习近平在北京视察工作时，明确了北京"科技创新中心"的城市战

略定位，①之后国务院印发《北京加强全国科技创新中心建设总体方案》，提出了强化原始创新，打造世界知名科学中心；实施技术创新跨越工程，加快构建"高精尖"经济结构；推进京津冀协同创新，培育世界级创新型城市群；加强全球合作，构筑开放创新高地；推进全面创新改革，优化创新创业环境等五项加强北京全国科技创新中心建设的重点任务。② 2014 年 5 月，习近平在上海视察工作时，作出上海"要加快向建设具有全球影响力的科技创新中心进军"的重要指示。③ 为全面落实中央关于上海要加快向具有全球影响力的科技创新中心进军的新要求，适应全球科技竞争和经济发展新趋势，立足国家战略推进创新发展，中共上海市委、上海市人民政府于 2015 年 5 月印发《关于加快建设具有全球影响力的科技创新中心的意见》，提出建设科技创新中心，需建立市场导向的创新型体制机制、建设创新创业人才高地、营造良好的创新创业环境、优化重大科技创新布局、积极融入"一带一路"倡议、长江经济带等国家战略。

世界主要发达国家倾力打造的科技创新中心主要以城市群的形式存在。在我国，粤港澳大湾区作为第一个被国家层面认可的湾区，亦被赋予建设国际科技创新中心的历史使命。2019 年 2 月，中共中央、国务院印发了《粤港澳大湾区发展规划纲要》，明确粤港澳大湾区建设"具有全球影响力的国际科技创新中心"的战略定位。国家创新版图的构建，从空间安排来看，北京、上海、粤港澳大湾区于东南北各据一极，而成渝双城经济圈恰好填补西部缺位，有利于因地制宜探索差异化协同创新发展。2021 年 2 月 25 日，科技部印发《关于加强科技创新促进新时代西部大开发形成新格局的实施意见》，将"支持成渝科技创新中心建设"放在了最重要的位置。2021 年 10 月 20 日，中共中央、国务院印发《成渝地区双城经济圈建

---

① 2014 年 2 月 26 日，中共中央总书记、国家主席习近平在北京视察工作时，明确了北京"全国政治中心、文化中心、国际交往中心、科技创新中心"的城市战略定位，为北京科技发展赋予了新的定位、新的使命。

② 国务院：《国务院关于印发北京加强全国科技创新中心建设总体方案的通知》，中华人民共和国中央人民政府门户网站，2016 年 9 月 18 日。

③ 2014 年 5 月 24 日，中共中央总书记、国家主席习近平在上海考察时强调，上海要努力在推进科技创新、实施创新驱动发展战略方面走在全国前头、走在世界前列，加快向具有全球影响力的科技创新中心进军。

设规划纲要》，再次提出成渝共建具有全国影响力的科技创新中心，以及建设成渝综合性科学中心的发展目标。此外，中部地区，如武汉、郑州、西安等城市，亦主动承接国家战略，争创科技创新中心，弥补创新版图的中部缺位。

通过以上的梳理，本书认为，北京、上海、粤港澳大湾区、成渝双城经济圈四大科技创新中心的部署，释放出一个重要信号：科技创新中心依托国家的中心城市（群）引领战略，在实现自身创新与发展的同时，分别辐射京津冀、长三角、珠三角、西部地区，削弱中心城市对周边城市的"虹吸效应"，强化区域协同联动发展，打造创新共同体，落实新时代国家重大战略，而不仅仅是区域间的创新角力。四大科技创新中心积极响应京津冀协同发展、长江三角洲区域一体化发展、粤港澳大湾区发展、西部大开发等国家战略，相得益彰，形成战略互嵌。城市群"抱团发展"的"溢出效应"远远超出单个城市"单打独斗"，区域联动已成为大势所趋。

第二节　科学城相关概念论述及延展

为准确把握新一轮科技革命和产业变革的历史机遇，积极面对全球日趋激烈的科技竞争与国力较量，前瞻布局引领技术发展的重大创新载体，在传统的"高科技产业新城"等模式不断显现出问题的同时，科学城作为以促进科学发展为目的，着力实现前瞻性基础研究与颠覆性技术突破，能够辐射引领周边区域走创新发展道路，并且有实力代表国家在更高层次上参与全球科技竞争与合作的一类特定功能区域，引起了越来越多的瞩目。目前，世界上比较著名的科学城（园）① 有美国硅谷、北卡罗来纳三角研究园、法国索菲亚科技城、英国剑桥科技园、日本筑波科学城、韩国大德

---

① 目前，世界上的科学城，除一些明确冠以"科学城"以外，还有许多的研究园、科学园、科技城、科技园区、技术园，与科学城性质、功能颇为类似或接近，只是叫法不同，可以将它们看作"类科学城"或"准科学城"。因此，在本书的研究过程中，也将这些一并归入科学城研究范围。

研究团地、印度班加罗尔科技园等。此外，我国科学城发展正当时，上海张江科学城、北京怀柔科学城、合肥滨湖科学城、深圳光明科学城亦成为科学城建设的典型案例。

一、世界科学城的演进历程与形成机制

纵观世界科学城发展历程，大致经历了萌芽起步、快速成长、纵深发展三个阶段。20世纪50年代，斯坦福大学创建了世界上第一个科学研究园，即斯坦福研究公园，它为之后举世闻名的"硅谷"的诞生奠定了基础，紧接着，苏联新西伯利亚科学城建成，它也是第一个以"科学城"冠名的科技园区。继斯坦福研究园和新西伯利亚科学城之后，世界上众多国家（地区）争相仿效，各种类型的科学城（园）纷至沓来（见表1-3）。在20世纪50～70年代的萌芽起步阶段，科学城（园）集中分布于欧、美、日、韩等发达国家和地区，数量不多，个别园区虽然有所发展，但仍未引起足够重视，这一阶段具有代表性的园区包括波士顿128号高技术园区、美国北卡罗来纳州三角研究园、法国索菲亚—安蒂波利斯科技城、日本筑波科技城、韩国大德科学团地等。20世纪80年代，科学城步入快速成长阶段，伴随着世界经济的迅猛发展，各国对科技研发的投入力度加大，世界范围内掀起了一股建设科技园区的热潮，园区数量激增、规模扩大，在推动科学研究与产业创新相结合、科学城与外界联系、促进经济社会发展中发挥了重要作用。据统计，这一阶段世界范围内各类科技园区超过800个（陈益升等，1995），而且除日韩之外的其他亚洲地区纷纷建立了科技园区，包括中国台湾新竹科学工业园、印度班加罗尔高科技园区等。科学城的纵深发展阶段出现在21世纪，在这一时期，各大科学城方兴未艾，遍及世界五大洲。这些国家（地区）大都赋予科技园区成为新一轮科技革命和产业变革的策源地，成为汇聚世界创新资源重要引擎的重任，并争先从制度、政策等方面来保障科技园区的建设。科技园区的纵深化发展态势不仅表现为数量的增长、地域范围的扩大，也表现为发展模式的转变。

表 1-3　世界主要科学城建设情况对比

项目	美国硅谷	北卡罗来纳三角研究园	法国索菲亚科技城	德国慕尼黑高科技园区	英国剑桥科技园	日本筑波科学城	印度班加罗尔科技园	韩国大德科技园
规模	3880 平方千米	28 平方千米	23 平方千米	4 平方千米	0.62 平方千米	284 平方千米	174.7 平方千米	70.4 平方千米
定位	世界信息技术和高新技术产业中心,世界最大的风险投资中心	美国规模最大的科研型园区	法国的科学与智慧之城	德国高科技产业孵化中心	英国新经济中枢的主要组成部分	日本科学研究中心,日本功能齐全、自成体系的生态模范城市	印度信息科技的中心	韩国科技发展的引擎,韩国科技的摇篮
始建年份	1971	1956	1969	1984	1969	1963	1991	1973
建设背景	随着微电子技术高速发展而逐步形成;风险资本也促进了硅谷的成长	产业结构转型、源头创新带动产业跨越发展,自上而下建设	单一旅游业产业转型,从零开始建设	鼓励高科技创新,由政府与企业共同建设	加速科技成果转化,借助世界顶尖学府剑桥大学科研力量建设而成	缓解东京过度密集状态、促进经济转型而建,自上而下建设	全球产业结构转型,抓住软件产业外包机遇发展而成	进一步推动韩国科技发展,为韩国重化工业发展及经济振兴提供研发功能支持
科研依托	斯坦福大学,加州大学伯克利分校、加州大学其他几所大学、系统的圣塔克拉拉大学	北卡罗来纳大学、北卡罗来纳州立大学、杜克大学	无依托高等院校和科研机构成立	慕尼黑大学、慕尼黑工业大学、慕尼黑理工大学	剑桥大学	筑波大学	班加罗尔大学等 11 所高校	韩国科学技术院、忠南大学、大德大学、韩国情报通信大学、韩南大学

综合性国家科学中心差异化协同发展研究

续表

项目	美国硅谷	北卡罗来纳三角研究园	法国索菲亚科技城	德国慕尼黑高科技区	英国剑桥科技园	日本筑波科学城	印度班加罗尔科技园	韩国大德科技园
区位条件	位于加利福尼亚旧金山到圣何塞之间的48千米长16千米宽的地带,交通便利	距离州首府罗利30千米	法国蔚蓝海岸之滨,毗邻尼斯国际机场,与法国国内大中城市及欧洲各国空中联系方便	位于慕尼黑市内	位于英国东南部剑桥郡,距离伦敦市中心60英里	位于东京都东北,距东京都中心约60千米	距班加罗尔市区12千米	位于韩国硅谷—大田广域市东部,距首尔167千米
主导产业	电子、半导体、计算机、互联网、生物、新能源、软件等	以生命科学、信息科学、科技服务为主	通信、电子、医药保健、化学、生化科技、环境、能源	高端制造、激光技术、纳米技术、生物技术	信息电子科技、纳米技术、无线技术、生物技术、航空航天技术	新材料、新能源、纳米和半导体、宇宙科学	计算机软件、外包、电子、电信	生命工学、信息技术、新材料、辐射技术、航空、机械

资料来源:笔者根据公开资料整理。

二、科学城概念综述

自 20 世纪 50 年代斯坦福研究园和新西伯利亚科学城建立之日起，科学城已走过 60 余年的历史，但国内外关于科学城定义、内涵的研究基础却比较单薄，鲜有专家学者去系统研究这一主题。这一方面是由于与科学城相近类似的名称繁多，如科技园、科学园、科技城、科技园区、创新城区等，不利于对"科学城"作出准确的诠释；另一方面在于"科学城"本不属于学术性词汇，它更侧重于应用性与功能性，而且科学城目前在全球范围内"遍地开花"，各个科学城分别具有不同的功能定位、运行机制及发展特色，所以统一定义较为不易。

尽管尚未统一说法，但学术界就"科学城"概念也展开了广泛讨论。曼纽尔·卡斯特尔斯（Manuel Castells，1998）和彼得·霍尔（Peter Hall，1998）认为，科学城是严格意义上的科学研究综合体，建立科学城的意图在于通过僻静的科学环境聚集科教资源，产生协同作用，从而进行高水平科研创新。学者梅保华（1985）认为科学城由教育、科研、生产三方机构构成，目的是推动科学技术的进步与生产力的转化，科学城能够为科研人员提供舒适的住宅以及科研必需的设施，从而营造良好的工作生活环境。陈益升等（1995）指出科学城作为科研机构和高等学校集结地，主要从事基础研究和应用研究，并通过技术开发对周边地区及其企业产生辐射效应。安蒂诺科（Anttiroko，2004）按照发展类型将科学城分为以科学为基础的新城镇建设、地方或区域发展项目、注重发展高技术及其产业三类。石碧华（2012）指出，科学城是在科技快速发展的背景下，依托知识、技术、人才的高度集中来实现"产学研"一体化的组织形式。从空间布局和区域功能方面来看，科学城是卫星城的一种特殊形式，是一个经济、社会和文化上具有现代城市性质的独立城市单位，同时又是从属于某个大城市的派生产物。彭劲松（2018）将科学城概括为是专门设置前沿基础科学研究和高等教育机构的一种特殊区域。陈志、陈健（2019）认为，科学城一般是由重大科技基础设施集聚→大科学设施集群→创新集群→科学城"三级跳"升级发展而来。朱东等（2020）

总结归纳之前研究成果并结合现状，指出科学城是推动人类科学发展、体现国家科研能力、集聚区域创新要素的重要空间载体，是以布局重大科技基础设施集群、集聚科学创新资源要素为特征，生活配套服务功能完备的综合型城市，并且他认为，科学城建设的内核在于"科学"，而品质却取决于"城"。

通过对以往概念的梳理总结，可以看出，随着时代的发展，学者们对"科学城"的关注和探讨从科研综合体一步步地扩展至科学研究与产业发展的对接、技术创新与成果转化的衔接，以及科学研究与城市建设的互动。结合新时代的新使命，本书认为，科学城是依托重大科技基础设施集群和前沿科学交叉研究平台，集聚科研院所、新型研发机构、各类产业园区、企业等创新载体以及高端人才、技术、资金等创新要素，致力于开展基础研究、应用基础研究，推进科研成果向现实生产力转移转化，并拥有自由探索、潜心研究的科研氛围、一流的创新创业环境、宜业宜居宜游的优质生活圈的现代化综合城区。

三、科学城建设在我国的基本情况

资料显示，我国科学城的形成始于 20 世纪 80 年代。近年来，为落实国家科技创新战略，在区域竞争中拔得头筹，国内各个城市（地区）你追我赶，纷纷走上了打造科学城之路，一时间科学城发展迅速、层出不穷。自 2016 年起，国家发展改革委和科技部先后批复上海张江、安徽合肥、北京怀柔、粤港澳大湾区建设综合性国家科学中心，其核心载体上海张江科学城、合肥滨湖科学城、北京怀柔科学城、深圳光明科学城、东莞松山湖科学城也成为国内科学城建设的典型代表。此外，广州、武汉、重庆、苏州等城市也相继投入了科学城的规划与建设中（见表 1 - 4）。

表 1 - 4 国内主要科学城建设情况对比

年份	科学城	城市	依托	战略定位
2009	未来科学城	北京	央企研发中心、各大院所	全球领先技术创新高地、协同创新先行区、创新创业示范城

年份	科学城	城市	依托	战略定位
2011	中关村科学城	北京	中科院、中国工程院等研究所，清华、北大等重点高等院校	科技创新出发地、原始创新策源地和自主创新主阵地
2016	怀柔科学城	北京	中科院各大院所	北京建设具有全球影响力的科技创新中心的核心支撑、引领全球科学发现和重大前沿技术突破的新引擎、与国家战略需要相匹配的世界级原始创新承载区
2017	张江科学城	上海	中科院、复旦、上科大等	国家科技创新体系重要基础平台，科学特征明显、科技要素集聚、环境人文生态、充满创新活力的世界一流科学城，培育高新技术产业和战略性新兴产业的示范区域
2017	滨湖科学城	合肥	中科大、中科院、合肥工大等	国家实验室和科学中心的重要载体和集中展示窗口
2018	西部科学城	重庆	中科院、重庆大学等高校	建设全国重要的创新驱动动力源、全国重要的高质量发展增长极、全国一流的高端创新要素集聚地、全国领先的创新创业生态典范区
2018	光明科学城	深圳	中山大学（深圳）、中科院深圳理工大学、深圳湾实验室等	世界级大型开放原始创新策源地、粤港澳大湾区国际科技创新中心核心枢纽、综合性国家科学中心核心承载区，引领高质量发展的中试验证和成果转化基地、深化科技创新体制机制改革前沿阵地
2019	南沙科学城	广州	中科院、广州大学南沙校区、香港科技大学（广州）、中国科学院大学广州校区、广州海洋大学研究生院	大湾区科学中心主要承载区、世界级原始创新和战略产业策源地
2020	太湖科学城	苏州	中科院、南京大学苏州校区	环境优美自然、未来高端人才的集聚地、国家级科创中心
2020	松山湖科学城	东莞	中科院	重大原始创新策源地、中试验证和成果转化基地、粤港澳合作创新共同体、体制机制创新综合试验区
2021	东湖科学城	武汉	中科院、武汉大学、华中科技大学	支撑武汉创建有全国影响力的科技创新中心

科学城作为城市高质量发展的典型，建设目标是围绕"科学、科学家、科学城"三大核心要素，形成完整的科学链条体系，并促进科学与城市、人群的有机融合。但在我国，科学城作为新时代应运而生的一类复杂的巨系统，其建设过程也充满了挑战。

第一，"遍地开花"的科学城充斥着大量重复建设，且体现不出地方特色。可以看出，国内众多科学城不仅存在着区位相邻、主导产业雷同的尴尬，甚至连战略定位、科学技术研究都大同小异。数量众多的重复性建设一方面会占用大量的人才、资金、土地等资源，造成巨大浪费；另一方面会导致资源配置效率低下，引起区域间无序竞争，不能真正起到科学带动作用。因此，我国科学城建设应转变为有特色、有方向的建设，要站在国家发展战略全局的高度，进行有选择、有理念、差异化的定位与规划。

第二，尽管国内科学城建设一直强调协同开放创新理念，但囿于行政区划限制等原因，大多并未与其他科学城建立良好互动，不利于可持续发展。应着眼于打破行政壁垒，加快人才、资金、科研资源等要素的系统整合与交流合作，完善跨区域的生产要素流动机制，开辟学习、合作、交流新途径，形成区域互动、优势互补、相互促进、共同发展的格局，才能为城市建设与经济社会发展带来无尽活力。

第三，由于政府干预的规划模式以及"雨后春笋"般的大科学装置设施建设，未来发展后劲恐不足，影响科学城长远持续发展。一方面，我国科学城建设大多属于"政府主导"模式，科学城的持续发展取决于科研成果，建设运营成本也需要通过科技创新成果的市场转化来消除。所以，政府干预模式可能会使得未来科学城发展故步自封，我国科学城的建设运营模式仍需进一步向市场化运营或者政府市场协同方向转变。另一方面，大科学装置是科学城建设的"硬支撑"，国内各个科学城在建设初期纷纷部署大科学装置的建设与投入使用，并依托中科院为主要承担者，以实现重要的科学技术目标。但大量的装置设施建设会导致城市空间被迅速挤占并无序拓展、土地资源匮乏，无法满足大科学装置升级或者新增建设需要，进而阻碍科学城进一步发展。例如，美国北卡罗来纳三角研究园区在建设之初，采用了粗放型土地利用方式，将过多的土地用于安置科研装置与创新主体，导致后续发展空间不够用（赵虎等，2014）。因此，在科学城建设初期，政府部门要明确科学类用地的构成和总体占比，保障科学功能的实现，并规划出一定比例的战略留白区，为科学城长远发展预留空间。

第三节　综合性国家科学中心相关概念论述及延展

"综合性国家科学中心"这一概念具有鲜明的中国特色，是我国特有的提法，其产生及发展亦具有独特的时代背景。不同于其他一些从古至今、从国内到国外都有详细的发展历程与梳理的概念，"综合性国家科学中心"作为一个崭新概念，学术界还没有对其内涵和外延进行准确界定和详尽描述。因此，对这一概念及其演进历程进行深刻理解、深层探讨、深入研究，形成一个系统的认知，就具有重要的意义，也是落实创新驱动发展战略，加快推进综合性国家科学中心建设的前提与基础。

一、综合性国家科学中心的演进历程及有关政策梳理

综合性国家科学中心是经国家批复的创新体系建设基础平台，是代表国家参与全球科技竞争的重要力量，属于国家战略。所以，对其发展历程的研究应主要从顶层设计、政策支撑角度出发进行探讨。自我国提出建设创新型国家战略以来，国家层面围绕科技创新陆续发布相关政策，引导和支持把科研院所、大型国家级实验室以及研究型大学等研究实验平台与基地作为科学发展的重点，满足我国重大战略需求的前沿研究、综合交叉研究、基础性研究，以及原始创新、协同创新、开放创新等成为政策焦点。2006 年 2 月，国务院发布了《国家中长期科学和技术发展规划纲要（2006—2020 年）》，提出要加强基础科学和前沿技术研究，特别是交叉学科的研究。2012 年 9 月，中共中央、国务院印发《关于深化科技体制改革加快国家创新体系建设的意见》，指出科学技术是第一生产力，是经济社会发展的重要动力源泉。2013 年 3 月，印发《国家重大科技基础设施建设中长期规划（2012—2030 年）》，强调前瞻谋划和系统部署重大科技基础设施建设，进一步提高发展水平，对于增强我国原始创新能力、实现重点领

域跨越、保障科技长远发展、实现从科技大国迈向科技强国的目标具有重要意义。2015 年 10 月，《中共中央关于制定国民经济和社会发展第十三个五年规划的建议》提出深入实施创新驱动发展战略，发挥科技创新在全面创新中的引领作用，加强基础研究，强化原始创新、集成创新和引进消化吸收再创新。推进有特色高水平大学和科研院所建设，鼓励企业开展基础性前沿性创新研究，重视颠覆性技术创新。实施一批国家重大科技项目，在重大创新领域组建一批国家实验室。2016 年 2 月，国家发展改革委、科技部批复同意建设上海张江综合性国家科学中心。2016 年 3 月，国家"十三五"规划提出提升创新基础能力，打造区域创新高地，瞄准国际科技前沿，以国家目标和战略需求为导向，布局一批高水平国家实验室；依托现有先进设施组建综合性国家科学中心；支持北京、上海建设具有全球影响力的科技创新中心等发展理念，这也是综合性国家科学中心这一概念首次出现在国家文件中。2016 年 5 月，中共中央、国务院印发《国家创新驱动发展战略纲要》，强调要将科技创新摆在国家发展全局的核心位置，并且要按照"坚持双轮驱动、构建一个体系、推动六大转变"的战略部署构建新的发展动力系统。2017 年 1 月，合肥综合性国家科学中心建设方案获国家部委批复。2017 年 10 月，党的十九大报告中明确指出要瞄准世界科技前沿，强化基础研究，实现前瞻性基础研究、引领性原创成果重大突破。2017 年 5 月，北京怀柔综合性国家科学中心建设方案获批。2018 年 1 月，《国务院关于全面加强基础科学研究的若干意见》中特别强调了强大的基础科学研究是建设世界科技强国的基石，该意见亦是国家层面第一次发文强调基础研究的重要性。2019 年 2 月，《粤港澳大湾区发展规划纲要》印发实施，强调应深化粤港澳创新合作，构建开放型融合发展的区域协同创新共同体，集聚国际创新资源，优化创新制度和政策环境，着力提升科技成果转化能力，建设全球科技创新高地和新兴产业重要策源地。2019 年 8 月，中共中央、国务院印发《关于支持深圳建设中国特色社会主义先行示范区的意见》提到要以深圳为主阵地建设综合性国家科学中心，在粤港澳大湾区国际科技创新中心建设中发挥关键作用，标志着通过国家战略赋能，深圳正式迈入"国家队"序列。2020 年 1 月，科技部等五部门联合制定的《加强"从 0 到 1"基础研究工作方案》要求北京、上海、粤港澳等科技创新中心，以及北京怀柔、上海张江、安徽合肥、广东深圳综合性国家科学中心应加强"从0到1"基础研究，深圳作为第四个综合性国家科学中心被写入部委文件中。2020年7月，国家部委批复建设大湾区综合性国家科学中心，并同意深圳光明科学城与东莞松山湖科学城共同建设大湾区综合性国家科学中心为先行启动区，由此可知，第四个综合性国家科学中心已由深圳升级为大湾区。2020年10月，习近平在深圳经济特区建立40周年庆祝大会讲话上深刻指出："积极作为、深入推进粤港澳大湾区建设，要以大湾区综合性国家科学中心先行启动区建设为抓手，加强与港澳创新资源协同配合"①，明确了光明科学城与松山湖科学城所要肩负的"科学"使命。2021年3月，《中华人民共和国国民经济和社会发展第十四个五年规划和2035年远景目标纲要》经十三届全国人大四次会议表决通过，明确支持建设北京怀柔、上海张江、大湾区、安徽合肥四大综合性国家科学中心（见表1-5）。

表1-5　　　　国家及部委层面有关综合性国家科学中心的政策

发布时间	发布机构	政策文件	有关条文
2006年 2月	国务院	《国家中长期科学和技术发展规划纲要（2006—2020年)》	科学技术是第一生产力，是先进生产力的集中体现和主要标志。要把提高自主创新能力摆在全部科技工作的突出位置。科技人才是提高自主创新能力的关键所在
2006年 2月	国务院	《中共中央国务院关于实施科技规划纲要增强自主创新能力的决定》	组织实施《国家中长期科学和技术发展规划纲要（2006—2020年)》，增强自主创新能力，创新体制机制，为建设创新型国家而奋斗
2012年 9月	国务院	《中共中央国务院关于深化科技体制改革加快国家创新体系建设的意见》	抓住机遇大幅提升自主创新能力，激发全社会创造活力，真正实现创新驱动发展，迫切需要进一步深化科技体制改革，加快国家创新体系建设
2013年 2月	国务院	《国家重大科技基础设施建设中长期规划（2012—2030年)》	前瞻谋划和系统部署重大科技基础设施建设，对于增强我国原始创新能力、实现重点领域跨越、保障科技长远发展、实现从科技大国迈向科技强国具有重要意义

---

① 习近平：《在深圳经济特区建立40周年庆祝大会上的讲话》，载于《人民日报》2020年10月15日。

综合性国家科学中心差异化协同发展研究

发布时间	发布机构	政策文件	有关条文
2013 年 6 月	科技部	《科技部关于印发上海张江国家自主创新示范区发展规划纲要（2013—2020 年）的通知》	坚持"开放创新先导区、战略性新兴产业集聚区、创新创业活跃区、科技金融结合区、文化和科技融合示范基地"的战略定位，努力建设成为带动上海、长三角区域乃至整个东部地区创新发展的重要引擎，成为代表中国参与国际高新技术产业竞争的特色品牌
2015 年 3 月	国务院	《中共中央国务院关于深化体制机制改革加快实施创新驱动发展战略的若干意见》	必须深化体制机制改革，加快实施创新驱动发展战略
2015 年 10 月	中共中央十八届中央委员会第五次会议	《中共中央关于制定国民经济和社会发展第十三个五年规划的建议》	深入实施创新驱动发展战略。发挥科技创新在全面创新中的引领作用，加强基础研究，强化原始创新、集成创新和引进消化吸收再创新
2016 年 2 月	国家发展改革委、科技部	《上海张江综合性科学中心建设方案》	同意上海张江综合性科学中心建设方案
2016 年 3 月	全国人民代表大会	《中华人民共和国国民经济和社会发展第十三个五年规划纲要》	要求依托现有先进设施组建综合性国家科学中心
2016 年 4 月	国务院	《关于印发上海系统推进全面创新改革试验 加快建设具有全球影响力科技创新中心方案的通知》	综合性国家创新中心是国家创新体系的基础平台；正式明确在上海张江建立我国第一个综合性国家科学中心
2016 年 5 月	中共中央、国务院	《国家创新驱动发展战略纲要》	推动北京、上海等优势地区建成具有全球影响力的科技创新中心
2016 年 7 月	国务院	《"十三五"国家科技创新规划》	进一步提出依托上海、北京、合肥等大科学装置集中的地区建设综合性国家科学中心
2016 年 9 月	国务院	《北京加强全国科技创新中心建设总体方案的通知》	将北京打造成为世界知名的科学中心；怀柔科学城重点建设高能同步辐射光源、极端条件实验室装置等大科学装置群
2017 年 1 月	国家发展改革委、科技部	《合肥综合性国家科学中心建设方案》	同意合肥综合性科学中心建设方案

发布时间	发布机构	政策文件	有关条文
2017 年 5 月	国家发展改革委、科技部	《北京怀柔综合性国家科学中心建设方案》	同意北京怀柔综合性科学中心建设方案
2017 年 5 月	中科院	《中国科学院关于参与建设科技创新中心和共建综合性国家科学中心的指导意见》	统筹部署基础前沿科学研究、关键核心技术研发和重大科技基础设施建设,加大力度调整优化科技布局和资源配置结构,支撑北京、上海、合肥成为具有世界影响力的科技创新中心和科学中心
2017 年 10 月	科技部、国家发展改革委、财政部	《"十三五"国家科技创新基地与条件保障能力建设专项规划》	着力解决基础研究、技术研发、成果转化的协同创新,布局建设若干国家实验室、国家重点实验室、国家工程研究中心、综合性国家技术创新中心
2018 年 1 月	国务院	《国务院关于全面加强基础科学研究的若干意见》	加强北京怀柔、上海张江、合肥综合性国家科学中心建设
2019 年 2 月	国务院	《粤港澳大湾区发展规划纲要》	大湾区要建成"具有全球影响力的国际科技创新中心"
2019 年 8 月	中共中央、国务院	《关于支持深圳建设中国特色社会主义先行示范区的意见》	以深圳为主阵地建设综合性国家科学中心,在粤港澳大湾区国际科技创新中心建设中发挥关键作用
2020 年 1 月	科技部、发展改革委、教育部、中科院、自然科学基金委	《加强"从 0 到 1"基础研究工作方案》	加强"从 0 到 1"的基础研究,首次正式提出"深圳综合性国家科学中心"
2020 年 7 月	国家发展改革委、科技部	《大湾区综合性国家科学中心建设方案》	深圳光明科学城与东莞松山湖科学城共同建设大湾区综合性国家科学中心先行启动区
2021 年 3 月	全国人民代表大会	《中华人民共和国国民经济和社会发展第十四个五年规划和 2035 年远景目标纲要》	支持北京、上海、粤港澳大湾区形成国际科技创新中心,建设北京怀柔、上海张江、大湾区、安徽合肥综合性国家科学中心,支持有条件的地方建设区域科技创新中心

根据"十四五"规划,截至 2021 年 3 月,国内拥有四大综合性国家科学中心,即上海张江综合性国家科学中心、安徽合肥综合性国家科学中

心、北京怀柔综合性国家科学中心、大湾区综合性国家科学中心。此外，随着武汉、南京、西安等地方政府纷纷提出建设综合性国家科学中心的规划和构想，区域争创国家科学高地的大幕已然拉开，其结果势必会影响到城市（群）未来的竞争力、影响力。综合性国家科学中心是服务国家创新驱动发展战略和建设创新型国家重大战略决策的重要支撑，是国家科技领域竞争的重要平台，通过国家层面与部委层面的政策汇总分析，可以看出：一是部委层面政策更加具体，内容更加明晰，不仅明确了建设资格，还进一步明确了建设路线、阶段规划、区域布局甚至实施方案，体现出政策自上而下的细化过程；二是国家发展和改革委员会与科技部联合批复同意建设综合性国家科学中心的时间与国家层面政策基本同步，体现出国家与相关部委政策制定过程中的协同一致性；三是部委层面政策支持更有针对性，特别是中国科学院专门制定政策，明确在资源共享、参与激励、重大科技基础设施等方面予以支持，导向明确，操作性强，政策效果将更加显著；四是各个综合性国家科学中心建设方案在功能定位上比较接近，但也有诸多差异。

二、综合性国家科学中心概念综述

（一）研究现状与文献计量追踪

2021 年 4 月，本书在中国知网精确搜索包含"综合性国家科学中心"篇名的相关学术期刊及论文（未包括报纸），只检索出 53 篇（见图 1 - 1）。根据中国知网文献导出分析，综合性国家科学中心的研究始于 2016 年，即国家"十三五"规划纲要明确指出"依托现有先进设施组建综合性国家科学中心"之后，这一崭新的概念才引起了学术界的关注，在 2019 年、2020 年出现了每年平均 10 余篇的相对较高数量的输出，但是 2021 年前 4 个月，只有一篇关于建设路径的文章刊出。这 5 年期间的研究成果大都是在探讨建设综合性国家科学中心的内容、方式、思路、机制、保障、路径等，对其内涵、特点、发展规律等的关注较少，认知也比较模糊。也就是说，现有研究成果基本停留于微观的、片面的、分散的、实践的层面，却鲜有从宏观的、系统的、整体的、理论的层面去深入思考。尽管学术界对综合性国家科学中心的研究大多仍比较浅显，代表性成果不多，但仍有部分专家学者取得了一定的探索性研究成果，具有重要的参考价值。作为本书的核心概念，"站在巨人的肩膀上"对综合性国家科学中心进行现有文献的总结盘点，有助于聚焦本书的研究重点，把握现有前沿理论与创新思想。

图 1－1　综合性国家科学中心文献年度趋势追踪

资料来源：2021 年 4 月使用 CNKI 数据检测分析结果生成。

同一时间，笔者也就综合性国家科学中心的关联性概念，即前面分析过的"科技创新中心""科学城"进行了中国知网的文献计量追踪（见图 1－2、图 1－3）。相比之下，作为延续了半个世纪的名词，与新诞生的"综合性国家科学中心"比较，研究成果不仅丰富，研究时间线也较长。

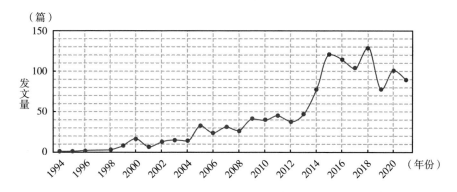

图 1－2　科技创新中心文献发表年度趋势

资料来源：2021 年 4 月使用 CNKI 数据检测分析结果生成。

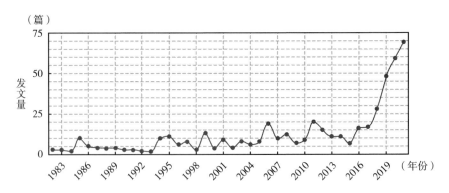

图1-3 科学城文献发表年度趋势

资料来源：2021年4月使用CNKI数据检测分析结果生成。

（二）文献综述

通过文献检索及归纳梳理，可以发现国内学者对综合性国家科学中心的研究聚焦于概念、功能、要素以及建设路径4个角度。

"综合性国家科学中心"并非学术界率先使用的概念，其正式出现始于2016年3月发布的《国民经济和社会发展第十三个五年规划纲要（2016—2020年）》。关于综合性国家科学中心的概念，学术界对其研究探讨仍处于起步阶段，尚未达成统一准确的共识。最早由王智源（2016）将其界定为经国家法定程序批准设立的大型开放式研发基地，依托先进的国家实验室、创新基地、产学研联盟等重大科技基础设施群，支持多学科、多领域、多主体、交叉型、前沿性基础科学研究，重大技术研发和促进技术产业化。之后，张耀方（2017）指出，综合性国家科学中心本质上是根据国家和区域创新发展战略布局，以大科学设施为基础支撑，汇聚政府、高校、科研院所、企业等科技创新资源，产生创新集聚和辐射效应的大型科学园区。李国平等（2020）认为，综合性国家科学中心是依托先进的国家重大科技基础设施群建设，支持多学科、多领域、多主体、交叉型、前沿性研究，代表世界先进水平的基础科学研究和重大技术研发的大型开放式研究基地。刘欢（2019）将综合性国家科学中心解读为经国家法定程序批准设立，在一定的区域范围内，以若干个大科学装置为主要研究平台，集聚顶级科研院所、研究型大学、产业研究院等高端创新要素，通过多学科、多领域、交叉型的前沿领域科学和技术研究，并进行成果转化、中试小试、高端制造等创新环节，构成的大型、开放式综合性科学园区。钱智等（2017）认为综合性国家科学中心既是超大设施的硬件集群，也是支撑前沿研究的科研生态群落，通常由核心构件（大科学装置等）、主体构件（大学、研发平台等）、支撑构件（多学科交叉前沿研究计划）和环境构件（创新生态环境体系）等组成。聂有福（2018）认为，综合性国家科学中心具有法定性、综合性、国家性、开放性等特征，聚焦于综合性，是多学科、多领域、多主体、多目标的联合体。

关于综合性国家科学中心的功能，叶茂等（2018）认为综合性国家科学是对全球科学技术创新具有示范引领和辐射带动作用的城市或区域，应具备催生重大原始创新、参与全球科技竞争、汇聚顶尖创新主体、促进资源优化配置、推动科技创新治理、引领产业创新发展等核心功能。张耀方（2017）认为综合性国家科学中心应具备知识创新、技术创新、管理创新和文化引领四大功能。聂有福（2018）从剖析综合性国家科学中心的概念与背景入手，分析出其主要承担着知识、技术、管理创新以及文化引领四项重任，与张耀方得出的结论类似。

关于综合性国家科学中心的构成要素，学者李志遂和刘志成（2020）认为，重大科研基础设施、高效协同创新平台、多元科研创新主体、市场中介服务机构、综合创新生态系统五大要素相互支撑、相互促进，共同实现了综合性国家科学中心的各项职能。张耀方指出综合性国家科学中心的焦点在于"综合性"，是硬件设施群与政产学研创新主体的系统集成。连瑞瑞（2019）研究得出综合性国家科学中心作为一个复杂集成系统，构成要素总体上可以归为五类，即平台性要素、资源性要素、主体性要素、服务性要素、环境性因素。叶茂等（2018）研究得出，除人才、资本等必不可少的要素外，综合性国家科学中心主要依托重大科技基础设施，创新型大学和研究所、重大创新研发平台、产业创新中心等资源要素来建设。

关于综合性国家科学中心的建设路径，李志遂和刘志成（2020）提出要以重大科技基础设施为依托，集聚优势科研力量，完善科研管理体制，系统推进重点科学领域跨越发展，加快科研成果与产业发展的衔接。李国平（2020）在总结张江、合肥经验借鉴的基础上，为怀柔综合性国家科学中心规划建设提出布局世界一流科技基础设施与创新平台、健全科技成果转化机制、完善创新资源共享与科技管理服务等建议。王智源（2016）建议合肥综合性国家科学中心的建设要抓住重点，激发创新创业主体活力，优化政策措施。叶茂等（2018）提出的建设路径包括明晰发展定位、提升科技治理水平、加强政产学研资联动。

总的来讲，在国家战略的引领下，学术界关于综合性国家科学中心的研究呈现出强烈的"共振效应"，研究方向相对固定，研究内容相对集中，在内涵外延、发展演进、功能要素及路径演绎等方面达成诸多共识。但是，现有研究也存在着很多不足。首先，缺少纵深拓展的思考。虽然相关研究成果已由应用性向学术性逐渐转变，但鲜有学者对综合性国家科学中心的内涵、运行机制、路径等运用系统的科学理论体系进行深入探讨，致使这一研究领域仍缺乏理论支撑。并且，相关研究成果大多以综合性国家科学中心的建设情况、政策实施进展以及实践案例借鉴等内容为主，定量、定性等规范研究方法匮乏，研究范式单一，研究层面相对浅薄。其次，研究结果缺乏创新与亮点。例如，有关综合性国家科学中心的建设路径，大多数学者得出的结论无外乎打造创新载体、完善体制机制、加快科技成果转化等，而这些路径也正是目前国内四大综合性国家科学中心建设中的重要着力点与落脚点，站位不够高，实用性不强。最后，研究的精细化程度有待提高。现有研究基本上都只瞄准一个特定区域，有关四大综合性国家科学中心差异化发展、一体化协同发展等方面的研究凤毛麟角，未能取得更精细、更上一层楼的成果。

（三）综合性国家科学中心的概念剖析

综合性国家科学中心并不是指类似于"科学城"概念一样划定一定范围并承载科研要素的具体地址，而是更多地代表着国家战略与科学能力的相对抽象的概念。这一概念首先起源于国家的政策文件，通过从实践性指导思想向学术研究的过渡，经历了自上而下的批复与建设，并由官方向大众传播渗透的过程。对综合性国家科学中心的概念剖析可以从"国家""综合性""科学中心"三个方面分别解读。首先，综合性国家科学中心的支点在于"国家"二字，这也是它区别于科技创新中心、科学城等的关键之处，综合性国家科学中心需经国家法定程序批准设立，是国家和历史赋予的重大使命，是国家参与全球科技竞争、强化国际话语权的重要抓手，是建设创新型国家的支撑力量，处于国家创新体系金字塔的塔尖，能够产出一批具有国际影响力的重大原创性科研成果、攻克一批关键核心技术、汇聚一批世界顶级科学家，意义深远。其次，综合性国家科学中心的"核心"在于"综合性"，它不同于基于单个大科学装置命名的各类国家科学中心以及地理范围明确的各类科学城，也不再仅局限于某个国家实验室、科研院所、研发基地、科技园、大科学装置集群以及创新平台，相反这些元素的集中程度及显示程度是它成熟与否的关键指标。它是一个复杂的巨系统，是各类创新要素、创新载体、创新活动的高度系统集成，能够产生综合性功能，并促进科学精神、创新精神与人文精神的深度融合。最后，综合性国家科学中心的"重心"在于"科学中心"，"中心"是在政治、经济等方面都占据重要位置的城市或区域，"科学中心"则是在科学研究、科技创新方面处于领先位置的城市（群）或区域，在加速自身发展的同时能够引领带动周边区域乃至全国的科技、产业发展，并在一定程度上影响世界创新格局。

第四节　科技创新中心、科学城、
综合性国家科学中心概念辨析

前面对科技创新中心、科学城、综合性国家科学中心的概念内涵、演进历程、功能要素以及在我国的区域格局进行了全面细致的梳理与分析，接下来将对这三个名词进行辨析，把握它们的关系及区别，以抓住关键、明晰重点。

从批复部门来看，科技创新中心是党中央高度重视科技创新工作，总揽全局、谋篇布局的结果；而综合性国家科学中心是在国家战略的引领下，由地方政府申请建设，再由国家发展改革委、科技部批复建设方案；科学城则是由地方政府自行规划建设。所以，从科技创新中心到综合性国家科学中心再到科学城，是一个自上而下的演化模式。

从地域范围来看，科技创新中心一般是指湾区城市群、大型城市或地区，国外的典型代表有硅谷、波士顿等，国内有粤港澳大湾区、成渝双城经济圈等，是世界新知识、新技术、新产品、新产业的策源地，也是一个范围很大的概念。而综合性国家科学中心一般指创新要素集聚的城市（区域），范围相对较小。《中华人民共和国国民经济和社会发展第十四个五年规划和2035年远景目标纲要》的"强化国家战略科技力量"一章中指出："支持北京、上海、粤港澳大湾区形成国际科技创新中心，建设北京怀柔、上海张江、大湾区、安徽合肥综合性国家科学中心。"可以看出，在地域上，部分综合性国家科学中心是科技创新中心的主要组成部分。此外，科学城通常也是科技创新中心的重要组成区域之一，科技创新中心能对周边城市或地区产生强大的辐射带动力，而科学城恰属于科技创新中心辐射引领的范围之内，如硅谷（科学城）属于旧金山湾区，怀柔科学城、张江科学城、光明科学城分别属于北京、上海、粤港澳大湾区等科技创新中心，这几大科技创新中心亦能够对区域内的科学城产生巨大的引领作用。同作为科技创新中心的重要组成部分，科学城和综合性国家科学中心两者之间互有交叉重叠，如上海张江与北京怀柔兼具综合性国家科学中心和科学城的双重身份。一般来说，综合性国家科学中心的建设都是以科学城为主体申报，上海张江、安徽合肥、北京怀柔、粤港澳大湾区综合性国家科学中心的建设核心载体分别为上海张江科学城、合肥滨湖科学城、北京怀柔科学城、深圳光明科学城。综上可知，从科技创新中心到综合性国家科学中心再到科学城，是一个地域空间范围从大到小的递减，同时综合性国家科学中心与科学城又互有叠加。

从起源内涵来看，科技创新中心与科学城都起源于20世纪60年代，2014年之后国内学者对这两个概念的关注度快速升温。而综合性国家科学中心这一名词首见于2016年的《中华人民共和国国民经济和社会发展第十三个五年规划纲要》，目前只处于起步建设阶段，与具有全球影响力的科技创新中心存在着明显差距。根据前面解析，三者虽然存在一定差别，但都属于开展科技创新研究、功能完备、环境一流的城市或区域，均反映出全球创新活动发展的空间异质性及演化特征。但是从时间轴与发展实践来看，科技创新中心、科学城均属于综合性国家科学中心的理论与实践来源①。

从功能依托来看，科技创新中心、科学城、综合性国家科学中心均重视基础研究、产业转型、制度升级、环境优化等功能提升，均依托包括重大科技基础设施、国家实验室、高等院校、研究机构、成果转化基地等在内的多元创新要素，均服务于国家创新驱动发展战略。不同的是，综合性国家科学中心将"科研"与"产业"并重，科学城的内核不仅在于"科学"，更在于"城"，注重"科—产—城—人"全方位、全链条深度融合，而科技创新中心的功能要素则包括了前两者。因此，从综合性国家科学中心到科学城再到科技创新中心，是从专一型到综合型的功能演变。

综上所述，综合性国家科学中心与科学城两者之间不仅存在一定的叠加关系，而且同属于科技创新中心的重要组成部分。同时，从科技创新中心、科学城到综合性国家科学中心，无论是站在批复单位、地域范围的角度，还是站在起源内涵、功能依托的角度，都存在着一定的递进逻辑关系与内在变化规律。本章围绕"科技创新中心""科学城""综合性国家科学中心"三个概念进行严谨的释义、演绎、分析、探索，并细致论证了三者的关系。

---

① 储节旺、曹振祥：《综合性国家科学中心情报保障体系和运行模式构建——以合肥为例》，载于《图书情报工作》2018 年第 8 期。

第二章

理论基础

综合性国家科学中心虽然是近几年新出现的极具中国特色的概念，但其萌芽、发展、扩散却具有深厚的理论基础。首先，综合性国家科学中心具有"创新性"特点，肩负着新时代创新驱动发展的重大使命，是国家创新体系建设的平台，目标任务是突破技术"瓶颈"，提升源头创新能力。其次，综合性国家科学中心具有"国家性"特点，"国家"二字体现了政府在综合性国家科学中心批复与建设中的主导作用，政府制定出台了一系列政策规划，调动各方创新要素，营造良好的制度环境与社会环境，形成有助于综合性国家科学中心建设的生态体系。再次，综合性国家科学中心具有"综合性"特点，证明它并不是简单的综合体，而是一个复杂的巨系统，是各类创新要素、创新载体、创新活动的综合系统集成。最后，综合性国家科学中心的建设发展具有"协同性"特点，差异化协同发展是我国四大综合性国家科学中心高质量发展的最佳路径，在差异化发展的过程中避免同质化竞争，实现错位发展、优势互补、协同互动，最终实现互利共赢。

第一节 创新理论

一、创新理论的内涵

"马克思主义辩证法"指出，世界是永恒发展的，发展的本质在于由简单到复杂、由低级到高级的进阶过程,而实现这一进阶的关键在于创新。所以,创新是社会发展的灵魂。"创新"英文为"innovation",innovation 也可译作"革新""改革""新发明"等。"创新"是以新思维、新发明和新描述为特征的一种概念化过程;是对已知事物进行改进或创造新的产品、工艺、服务、商业模式、组织结构等行为,是推动经济增长的核心驱动力。①

若追溯创新理论的渊源,在马克思恩格斯的《共产党宣言》《资本论》《马克思恩格斯全集》等著作中,虽未直观地给出"创新"这一定义,但是却建立了创新理论的一般逻辑框架,明确了科学技术在生产力中的重要地位②,为创新驱动发展思想奠定了科学的理论基础③。马克思恩格斯提出了"社会的劳动生产力,首先是科学的力量"④"科学是一种在历史上起推动作用的、革命的力量"⑤"劳动生产力是随着科学和技术的不断进步而不断发展的""随着大工业的发展,现实财富的创造较少地取决于时间和已耗费的劳动量,较多地取决于一般的科学水平和技术进步"⑥ 等著名论断。他们认为,"劳动生产力是由多种情况决定的,其中包括:工人的平均熟练程度,科学的发展水平和它在工艺上应用的程度,生产过程的社会结合,生产资料的规模和效能,以及自然条件"⑦。这些观点都印证了科学技术在生产力发展中至关重要的作用。科学技术的本质是创新,也就是印证了创新在经济增长、社会进步中的重要作用,尽管所有观点中均未包含"创新"一词,但却表达了同样的意思。除科学技术之外,创新理论的另一支脉是制度创新,马克思曾指出,"资产阶级除非对生产工具,从而对生产关系,从而对全部社会关系不断地进行革命,否则就不能生存下去"⑧,揭示了制度创新在社会发展中的必要性。此外,他还曾描述起技术进步在社会制度

---

① [美]罗伯特·阿特金森、史蒂芬·埃泽尔、卢克·斯图尔特:《全球创新政策指数报告(2012)》,杨耀武、郭华、魏喜武译,党建读物出版社 2014 年版。

② 杨朝辉:《创新经济理论的马克思主义渊源分析》,载于《青海社会科学》2014 年第 4 期。

③ 胡长生:《创新驱动发展战略的历史选择与实现路径》,载于《中国井冈山干部学院学报》2015 年第 2 期。

④ 《马克思恩格斯全集》(第 46 卷下),人民出版社 1980 年版,第 211 页。

⑤ 《马克思恩格斯全集》(第 19 卷),人民出版社 1963 年版,第 375 页。

⑥ 《马克思恩格斯全集》(第 46 卷下),人民出版社 1980 年版,第 217~218 页。

⑦ 《资本论》(第 1 卷),人民出版社 1975 年版,第 53 页。

⑧ 《共产党宣言》,人民出版社 1997 年版,第 30 页。

创新过程中的核心作用，"手推磨产生的是封建主为首的社会，蒸汽磨产生的是工业资本家为首的社会"①。综上所述，马克思对"创新"的研究已非常深入，不仅为后世创新理论的发展奠定了基础，而且对后来的全球化创新起到了一定的实践指导意义。

约瑟夫·熊彼特（Joseph A. Schumpeter，1912）在其著作《经济发展理论》中首次使用了"创新"这一概念，指出创新理论是经济发展理论的核心，并对创新的产生机制、演变过程、作用机制以及本质特征进行详细阐述，是享誉经济学界的西方智慧大作。熊彼特的创新理论深受马克思主义的浸染，"与其说熊彼特接受了马克思的影响，莫如说他在有些方面和马克思酷似，甚至视马克思为必须超越的一个高峰"②。熊彼特的创新理论体系，包括了创新的特点、概念以及模式等。创新特点方面，他认为创新是经济发展的本质，由生产过程所内生，作为一种"革命性"变化创造出新的价值。概念界定方面，熊彼特（2020）指出，创新是"建立一种新的生产函数"，将新的不同的生产要素组合，引入生产体系以获取经济利润，具体包括五种方式，即生产新产品、采用新方法、开辟新市场、应用新材料、实现新组织方式（见图 2 – 1），这五种方式也可理解为后来的产品创新、技术创新、

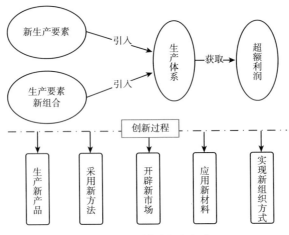

图 2 – 1　熊彼特创新概念

资料来源：［美］约瑟夫·熊彼特：《经济发展理论》，何畏、易家详等译，商务印书馆2020 年版。

---

① 《马克思恩格斯选集》（第 1 卷），人民出版社 1972 年版，第 108 页。
② 金指基：《熊彼特经济学》，北京大学出版社 1996 年版。

市场创新、资源配置创新、组织创新。创新模式方面，熊彼特自成体系，根据创新与技术的关系、创新与企业规模的关系、创新与市场结构的关系，将创新模式归纳为"企业家创新"与"大企业创新"两类（顾新，2002）。

"创新"是一个与时俱进、不断发展的概念。时至今日，随着时代的发展与社会的进步，创新已不再是一个简单的机械的技术型概念，而是一个内涵更丰富、外延更宽广、体系更完整的多维概念。马克思主义政治经济学、熊彼特创新经济增长理论为创新理论的发展打牢了根基，之后通过国内外学者的不断传承与探索，先后形成了以技术创新、知识创新、制度创新、管理创新等为不同研究侧重点的理论学派（袁峥嵘和杜霈，2014），创新理论这棵大树已渐渐繁衍出越来越密的枝蔓。创新理论相关成果的不断丰富，有助于我们深刻理解并认识创新驱动、创新扩散等概念的内涵及外延。

二、创新驱动的内涵

创新驱动是创新理论的重要延展与实践应用。如今，中国正迈入向"创新驱动"转型的关键时期，这是创新在新时代所肩负的新的重大历史使命。科学把握创新驱动的内涵，有助于更好地利用创新理论分析综合性国家科学中心建设的意义与功能。

所谓创新驱动，就是创新已成为引领经济发展的第一动力。最早使用创新驱动概念的是迈克尔·波特（Michael E. Porter，2007），其著作《国家竞争优势》中将经济发展划分为要素驱动（factor - driven）、投资驱动（investment - driven）、创新驱动（innovation - driven）、财富驱动（wealth - driven）四个阶段。波特认为，这四个阶段呈"抛物线"趋势，以财富驱动为分界点，之前经济逐步走向繁荣，之后开始呈衰落态势。至于是否已成为创新驱动经济体，波特指出，若一个经济体形成了各关键要素交互作用显著的钻石体系[1]，证明已实现创新驱动。诺贝尔经济学奖获得者威廉·

---

① 钻石模型，又称钻石理论、菱形理论及国家竞争优势理论，由迈克尔·波特于1990年提出，用于分析一个国家如何形成整体优势，在国际上具有较强竞争力。波特认为，决定一个国家的竞争力通常有四个因素：生产要素，需求条件，相关产业和支持产业的表现以及企业的战略、结构、竞争对手的表现，这四个要素具有双向作用，形成钻石体系。

阿瑟·刘易斯（William Arthur Lewis，1954）提出的"拐点论"与迈克尔·波特的四阶段想法类似，认为在边际效用递减法则下，自然资源和资本等要素对经济发展的贡献度是递减的，从长期看，经济发展还是取决于创新。综上可知，当经济社会发展到一定阶段时，资源容量、投资驱动、生态平衡都会面临着难以为继、不可持续的困境，无法支撑经济的持续增长，想要突破这一局面，只有通过创新不断提高生产要素的质量和效率，通过生产要素的重新组合优化，为经济发展注入新动能。因此，创新驱动是经济社会平稳发展的必经之路。

国内关于创新驱动的文献可谓汗牛充栋，在中国知网搜索包含"创新驱动"篇名的相关学术期刊、论文以及报纸等，数量高达 1.95 万篇。自党的十八大明确提出"坚持走中国特色自主创新道路、实施创新驱动发展战略"以后，学术界关于创新驱动的研究更是达到高峰，研究方向主要集中于创新驱动的内涵、路径选择、对经济社会发展的影响等几个方面。

关于创新驱动的概念内涵，洪银兴（2013）认为，创新过程是以知识、技术、企业组织制度和商业模式等无形要素对现有的资本、劳动力、物质资源等有形要素进行新组合，提高了创新能力，产生了内生性增长。其中，科技创新是创新驱动的本质。刘志彪（2011）通过论证创新驱动的对立面是学习或模仿，而并非要素驱动或者投资驱动，指出创新驱动是推动经济增长的动力和引擎，从主要依靠技术的学习和模仿，转向主要依靠自主设计、研发以及知识的生产和创造。陈勇星等（2013）将创新驱动过程分为广义、狭义两类，其中广义的创新驱动过程是从资源投入到创新活动，再到驱动活动，最后到实现经济社会全面协调可持续发展的全过程；狭义的创新驱动过程包括创新和驱动两个子过程，创新是驱动的前提条件，驱动是创新的必然结果。张来武（2013）认为，创新驱动以人的智力为首要要素投入，以知识、信息等为主要要素投入，发挥企业家的重要作用，打造"先发优势"，最终达到增强综合国力、提高民生福祉的目标。王海燕和郑秀梅（2017）通过对创新驱动发展的理论基础、内涵与评价开展讨论，认为创新驱动发展主要通过引入并整合盘活知识、技术等各类创新要素，突破要素"瓶颈"，优化资源配置，增强经济发展动力。黄宁燕和王培德（2013）提出实施创新驱动的关键是培育适宜的科技创新文化，而形成良好创新文化的关键在于制度创新。胡长生（2015）在迈克尔·波特四个驱动阶段理论基础上，指出"科技创新是经济社会发展的内生动力"这一观点正是创新驱动发展战略的内核，是对要素驱动和投资驱动的超越。胡婷婷和文道贵（2013）亦言简意赅地表达了"经济增长主要依靠科学技术的创新带来效益"就是创新驱动的本质这一观点。

综上所述，国内学术研究领域关于创新驱动内涵的阐述可归结为四个方面：第一，科技创新是创新驱动的核心，是经济社会发展的内生动力。第二，大多数学者都是在约瑟夫·熊彼特"将生产要素新组合引入生产体系"研究成果的基础上，高瞻远瞩地开展相关研究。例如，多数研究都认为创新驱动的实现主要依靠知识、技术、信息、智力等创新要素的引入及整合，是一项多要素互动的系统工程。第三，创新驱动以自主研发、创造知识为支撑，而不是模仿。第四，创新驱动的全过程是从资源投入创新再到驱动，最终实现内生增长与经济高质量发展（见图2-2）。

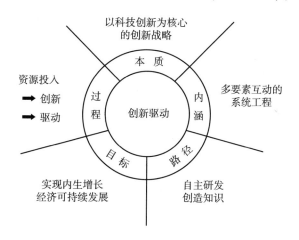

图 2-2　创新驱动内涵要点

三、创新扩散的内涵

扩散有很多种，既包括物理扩散、化学扩散、生物扩散等有形的扩散，也包括知识扩散、技术扩散、创新扩散等无形的扩散。从上面的综述可知，创新理论的两大支脉是技术创新理论与制度创新理论，从理论上来说，关于创新扩散的研究也可分为技术创新扩散和制度创新扩散两个分支。通过文献检索发现，截至目前，学界针对创新扩散的研究范围很广，多个学科领域均有涉及，其中多数集中于媒体传播方面与技术创新方面，有关制度创新扩散的内容屈指可数。结合本书研究背景与方向，下面会以技术创新扩散为支点进行论述。

"创新扩散"即创新在经济社会系统广泛传播的状态。从 20 世纪初至今，国内外学者大多从模仿学习、二次创新、应用传播等角度为"创新扩散"过程下定义。第一，学术界最早对"创新扩散"的理解停留于"模仿学习"层面。约瑟夫·熊彼特（2020）在其专著《经济发展理论》中指出，技术创新扩散的本质是企业通过对创新技术大规模、大范围的模仿，从而影响经济发展。埃德温·曼斯菲尔德（Edwin Mansfield，1961）就技术创新中的技术推广问题，提出了"技术模仿论"，并在"传染病原理"和 Logistic 生长曲线的基础上，得出模仿是创新扩散呈 S 形曲线的主要影响因素。在国外经济学家研究成果的基础上，国内学者也就"模仿学习"进行了更广、更深的研究。清华大学著名教授傅家骥（1998）将创新扩散过程描述为一种"温故而知新"的学习活动，当采用某技术创新所获利益的期望大于企业在采用创新过程中所支付的学习、调控成本时，技术创新扩散就发生了。盛亚（2004）认为，技术创新扩散本质上是一个模仿学习的过程，这里的"模仿"不是被动模仿，更不是简单模仿，而是在模仿过程中注入新的东西，是一种高层次的学习。因此，模仿学习是创新扩散的最初形式。第二，学术界关于"创新扩散"内涵理解的突破来源于"二次创新论"。克利斯·弗里曼（Chris Freeman，2004）对发明、创新、技术创新扩散三者进行比照研究，指出技术创新扩散是发明和创新的后续过程。科莫达（Komoda，1986）强调，衡量创新扩散是否成功的标准在于技术采用者能否在消化吸收新引进技术的基础上，对技术进行改进、提升、拓展，即二次创新。所以，创新扩散并非简单的模仿学习，更重要的是技术接受者自身创新能力的构建与提升。第三，学术界关于"创新扩散"的研究主方向聚焦于"应用传播"。埃弗雷特·罗杰斯（E. M. Rogers，2002）教授是创新扩散研究的集大成者，他在《创新的扩散》一书中强调，"创新扩散"是经由特定渠道在某一社会团体的成员中传播创新成果的过程，创新、特定的传播渠道、时间和社会系统是支撑创新扩散过程的四大要素。斯通曼（Stoneman，1989）在专著《技术变革的经济分析》中建立了技术创新扩散模型，并将"一项新的技术的广泛应用和推广"称为技术扩散。近年来，随着全球创新格局的加速交互重构，国内以"应用传播"为视角的关于"创新扩散"的研究也如雨后春笋般不断涌现。傅家骥（1998）认为技术创新扩散是"技术创新通过一定的渠道在潜在使用者之间传播、采用的过程"。武春友（1997）将技术创新扩散概括为企业为了实现创新成果的商品化，通过扩大生产规模、成果转移等方式二次应用或者多次应用创新技术，最终影响社会经济发展的过程。他认为，"扩"是技术成果在企业内部反复多次的应用，"散"是技术成果在企业外部的转移和传播。董景荣（2009）则认为，技术创新扩散是一项技术创新成果产生后向社会其他领域转移和渗透的商业化过程，也是一项受社会系统及其环境影响的社会化过程，是技术进步、社会发展的重要途径。所以，从这一角度来讲，创新扩散通过将创新成果在更大范围内进行转化应用，推动全社会技术的进步。

综合性国家科学中心的建设发展，离不开科技成果开放共享、科技成果向现实生产力转移转化以及对周边区域发挥引领辐射与源头供给作用等目标举措，而这些目标的达成均是以"创新扩散"理论作为基础。因此，我们有理由相信，随着综合性国家科学中心建设在我国日渐白热化以及科技创新中心、科学城等载体在世界范围内不断掀起建设热潮，创新扩散理论将进一步在学术界和实践界大放异彩。

第二节　公共政策理论

一、公共政策的内涵

政策起源历史悠长，几乎与人类文明同时出现，其孕育发展经历了从习惯到制度再到政策的漫长变迁过程，最初原始社会的"习惯""制度"均可看作"政策"的萌芽。此后，伴随着剩余产品、私有制的出现，逐渐产生了阶级和国家，公共问题、社会问题也因此应运而生。当解决公共问题、社会问题需要跨过某个临界点，上升至分配社会资源、规范社会行为的高度时，公共政策就诞生了。出于政府管理、社会需要、政策科学发展等原因，公共政策成为一门新的研究学科，学界对于公共政策的研究也随着时间推移逐渐趋于专业化。

公共政策学起源于第二次世界大战后的美国。1951 年，哈罗德·拉斯韦尔和丹尼尔·拉纳（Harold Lasswell and Daniel Lerner，1951）合作的《政策科学：范围与方法的新近发展》一书中首提"政策科学"（policy science）概念，标志着"政策"这个政治上的独立主题正式成为一门综合性研究学科。作为"政策科学"的基本内容之一，"公共政策"获得了国内外相关学者的广泛关注，国际政治学会主席 K. 冯贝米甚至将其形容为当代西方政治学"最重大的突破"。关于"公共政策"的内涵，目前尚未形成统一规范的表述。戴维·伊斯顿（David Easton，1965）根据政治系统分析理论，提出"公共政策是对全社会的价值作有权威的分配"① 的观点。托马斯·伍德罗·威尔逊（Thomas Woodrow Wilson，1887）认为，公共政策是由政治家制定、由行政人员执行的法律和法规，② 这一定义只强调了政策的制定方与执行方，对政策内容却未提及。托马斯·R. 戴伊（Thomas R. Dye，2006）在其专著《理解公共政策》中，将公共政策描述为"政府选择要做或不要做的事情"。詹姆斯·E. 安德森（James E. Anderson，1990）教授则认为公共政策由政府机关或政府官员制定，目的是处理问题或解决相关事务。

再将目光聚焦到国内公共政策研究领域。陈庆云（1996）认为，公共政策是政府依据特定时期的目标，在对社会公共利益进行选择、综合、分配和落实的过程中所制定的行为准则。张金马（1992）在其专著《政策科学导论》中强调，公共政策是政府用来规范与引导社会各类主体行为的准则或指南，可表现为国家与地方法律、行政命令、政府首脑的声明或指示等多种形式。宋卫清（2008）在研究国家间政策转移的同时，指出公共政

---

① 伍启远：《公共政策》，台湾商务印书馆 1992 年版。
② 陈庆云：《公共政策的理论界定》，载于《中国行政管理》1995 年第 11 期。

策是政府实际所采取的决定，旨在解决、改善或至少是缓解公共问题。王彩波等（2012）将公共政策的实质界定为政府如何再分配公共资源，认为在实际公共事务中，政府做什么、不做什么意味着公共资源流入或不流入某个具体的领域，并对公共资源配置的效率与公平进行深入探讨。张小明（2013）在借鉴西方国家公共政策过程理论的基础上，将公共政策定义为：党和政府依据特定时期的目标，在对社会公共利益进行选择、综合、分配和落实的过程中所制定的行为准则，其本质是政府分配社会公共利益的一种工具，反映的是一种社会利益关系。此外，潘小民（2008）、阮玉宝（2012）、季元杰（2009）、赵莉晓（2014）、尚云杰（2014）、刘思源（2015）、邹士年（2009）也纷纷就公共政策的内涵贡献出自己的观点。可以看出，国内学术界关于公共政策的内涵界定已获得诸多成果，现有成果在某种程度上也达成了一定的共识，基本认为公共政策是政府政治行为的产物，目的是解决社会问题、公共问题，并重新配置公共资源。但这些研究基本上都是基于西方公共政策理论的译介与扩展，缺乏本土化的演绎与运用。

二、公共政策过程

政府是公共政策的"掌舵人"。在政府管理中，政策的制定属于顶层设计，政府的作用主要由政策来发挥。在综合性国家科学中心的建设发展中，以科技创新为核心的全面创新客观上要求公共政策的制定实现科学化和民主化。这就对公共政策的制定过程提出了更高要求。

公共政策过程同时也是一种政治过程（陈振明，2003）。哈罗德·D.拉斯韦尔（Harold D. Lasswell，1970）认为政策科学包含两项任务，即"政策过程的知识"（Knowledge of Policy Process）和"政策过程中的知识"（Knowledge in Policy Process）。"政策过程的知识"关注政策过程本身的科学性，也就是建立政策的过程是否具有逻辑性；"政策过程中的知识"则关注政策本身的科学性，也就是政策是否具有一定的科学性与实操性。这两个概念之间存在着内在的逻辑一致性，共同推进了政策及政策过程的科学性。此后，学术界便围绕拉斯韦尔关于政策科学的两个路径分别展开研究，形成了政策分析、政策过程分析两个领域。由于政策过程理论能够描述公共政策的产生、执行、终止等过程，并可以深入探究这一过程的内在规律，因此，这一理论已成为公共政策领域内发展最快的学科，并形成了一定的研究传统。

拉斯韦尔最初将政策过程依次划分为情报、提议、规定、合法化、应用、终止、评估七个阶段，之后不断有学者尝试对该思想进行进一步拓展和完善，如安德森（1990）将政策过程概括为形成、制定、通过、实施、评价五个环节。兰德尔·瑞普利（Randall Ripley，1982）在其著作《政治学中的政策分析》中也将政策过程总结为五个阶段：议程设定、政策目标及计划形成合法化、执行、对执行的后期评价、对政策和计划未来的决定。除了对政策过程的研究之外，国内外学者更热衷于围绕政策所经历的不同阶段，如制定、执行、评估等进行逐一探讨，并取得了较多的成果。

综上可知，学术界关于公共政策过程的研究基本就是将复杂、抽象的过程"化整为零"到若干简单、具象的阶段，这不仅为人们理解繁复的公共政策过程提供了一个简单明了的模型，也促使该领域的专家学者更聚焦于某一"点"的研究，有助于优化政策方案，明晰研究方向与视角。然而，不容小觑的是，若学者们过多地着眼于对公共政策过程某一阶段的探究，则有可能导致对整个过程认识的脱节与支离。

第三节　复杂系统理论

一、复杂系统理论的内涵

斯蒂芬·威廉·霍金（Stephen William Hawking，2000）曾说过，"我认为，下个世纪将是复杂性的世纪"，这句话预测了 21 世纪我们需要面对处理各种复杂系统的任务，因此，复杂系统理论也可称之为"21 世纪的科学"，对复杂系统理论的构建、拓展、创新，也成为当下学术界所面临的一项重要任务。

在长久的社会实践活动中，人们对"系统"这一概念的认识与研究经历了循序渐进、由浅入深的过程。路德维希·冯·贝塔朗菲（Ludwig Von Bertalanffy, 1980）曾将"系统"定义为"处于一定的相互关系中并与环境发生关系的各组成部分（要素）的总体"，钱学森（1982）则认为系统是一个极其复杂的研究对象，是由相互作用和相互依赖的若干组成部分结合成的具有特定功能的有机整体，而这个系统本身可以是它所从属的一个更大系统的组成部分。许国志（2000）在贝塔朗菲"系统"定义基础之上，提出"如果一个对象集合中至少有两个可以区分的对象，所有对象按照可以辨认的特有方式相互联系在一起，就称该集合为一个系统"。一言以蔽之，系统是相互依存、相互作用、相互影响的诸多要素的综合体，具备整体性、多元性、相关性、外部性等特点。

根据系统结构组成的复杂程度，可将系统分为简单系统与复杂系统两类。关于复杂系统的定义，尽管目前并未形成统一规范的表述，但仍不乏颇具代表性的观点。主攻复杂系统科学的美国圣菲研究所认为，复杂系统是由大量相互作用的单元构成的系统，复杂性的研究内容则是研究复杂系统在一定的规则下产生的有组织的行为。美国"Science"杂志于1999年编辑了一期名为"复杂系统"的专集，理查德·加拉赫和蒂姆·阿彭策勒（Richard Gallagher & Tim Appenzeller）两位编者在其以"超越还原论"为标题的导言中，将"复杂系统"定义为：若只了解一个系统的分量部分（子系统），则无法对系统的性质做出完全解释的系统。经济学家成思危（2001）在分析复杂系统特征的基础上，认为复杂系统最本质的特征是其组分具有某种程度的智能，即具有了解其所处的环境，预测其变化，并按预定目标采取行动的能力，这也是生物进化、技术革新、经济发展、社会进步的内在原因。此外，学界使用频率较多的概念还包括："复杂系统是具有中等数目基于局部信息做出行动的智能性、自适应性主体的系统"[1]。总之，复杂系统是人类处理复杂问题的重要理论工具，是一个涵盖范围极广的概念，由多个不同子系统相互交织、作用，具有复杂性、非线性、耦合性、涌现性、开放性、动态性等特征。

---

[1] 吴旭晓：《基于复杂系统理论的区域中心城市内涵式发展研究》，天津大学博士学位论文，2011年5月。

若论及"复杂系统理论"的形成及发展，最早可追溯至贝塔朗菲于 1937 年创立的"一般系统论"，这一理论可以看作"复杂系统理论"诞生的基石。此后，国内外相关学者纷纷围绕复杂系统理论展开研究，使得该理论逐渐成为学术热点。经过将近一个世纪的变迁与深化，复杂系统理论的研究取得了一次又一次的突破，构筑起了包括系统论、控制论、信息论、耗散结构理论、协同学、突变论、混沌理论、超循环理论、分形理论、复杂适应系统理论、开放复杂巨系统理论等在内的宏大理论版图。接下来，本节将对与综合性国家科学中心差异化协同发展这一主题最为相关的耗散结构论、超循环理论、复杂适应系统理论以及开放复杂巨系统理论分别进行梳理与论述（协同论将在本章第四部分阐述），以期为接下来的研究筑牢理论基础。

二、耗散结构理论

耗散结构理论（Dissipative structure theory）出自伊利亚·普里高津（Ilya Prigogine，1969）在国际"理论物理与生物学会议"上发表的研究报告《结构、耗散和生命》。耗散结构是一种自组织系统，是能够通过自身发展和演化，形成新的具有时空结构和功能结构的稳定系统。耗散结构理论是指一个远离平衡区的、非线性的、开放的系统，在没有外力强行驱使的情况下，通过不断与外界交换物质与能量，在系统内部某个参量的变化达到一定的阈值时，通过涨落发生突变，能够使系统内各要素间相互作用、彼此关联，使系统从无序走向有序。这一概念包含了远离平衡态、非线性、开放系统、涨落、突变等关键概念，强调了系统的有序性离不开外部环境的物质与能量。

耗散结构理论将宏观系统区分为孤立系统、封闭系统与开放系统。孤立系统与外界既无能量交换又无物质交换，所以永远无法产生有序的组织结构，其发展趋势是平衡无序的；封闭系统与外界有能量交换但无物质交换，可以形成稳定有序的平衡结构；开放系统与外界既有能量交换又有物质交换，是一种"活"的具有"新陈代谢"功能的系统，可以形成稳定有序的耗散结构（见图 2-3）。

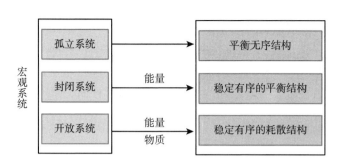

图2-3 基于耗散结构理论的宏观系统分类

三、复杂适应系统理论

复杂适应系统理论（complex adaptive system，CAS）是复杂系统理论中发展最完善、应用最广泛的一个分支领域，由霍兰（Holland，1994）经过多年研究，并于1994年在圣菲研究所成立10周年时正式提出。其核心思想是"适应性造就复杂性"，意思就是CAS理论的主体能够与其所处的环境以及系统内其他主体之间相互影响、相互作用，并能够在交流的过程中通过学习或积累经验主动调整自身的思维与行为方式，以便更好地适应环境。CAS理论将这种主体与环境、主体与主体之间进行互动交流，进而调整自身行为、修改自身规则的过程称为"适应性"；"适应性"主体的行为不仅改变了自身，也改变了其他主体与环境，这种相互之间的交互力量不仅导致系统行为的复杂性，而且能够催生出各主体原本不具备的功能，带来整个系统的进化与非线性增值，交互程度越高，系统进化过程就越发复杂多变，这也就是"适应性造就复杂性"。

CAS作为复杂系统的一个分支，之所以能吸引国内外专家学者趋之若鹜，在于其不仅具有复杂系统共性的特点，还有其独有的特征，主要表现为：主体是主动的、活的实体，可以主动调整自身的状态以更好地适应环境，争取机会或利益的最大化；包含多个界限分明且相对独立的层次；主体行为并非独立，而是相互之间交互作用，进而带来系统演化，系统演化反过来又会影响各个主体的适应性行为，这种动态反复的过程会催生出一种永不停止的进化状态；系统演化通常具有一定的内在规律，因此不必把握全局走势，只做局部性调节即可。

总之，通过对 CAS 理论个体适应性、整体复杂性的梳理总结，以及对 CAS 理论内涵、核心思想以及特征的重点把握，为研究综合性国家科学中心的系统复杂性以及各要素间的相互适应指明了方向，具有重要的指导意义与应用价值。

四、开放复杂巨系统理论

开放复杂巨系统是钱学森于 1989 年在系统学讨论班上首次提炼出的概念，该理论的形成与创立不仅是钱学森晚年学术生涯中的一项重大科研课题，也是系统科学思想体系中最璀璨的研究成果。该理论为解决多参数、多变量、多层次的复杂问题提供了重要理论框架，广泛适用于经济、社会、人体、地理、军事等多类对象。

"系统"是一个内涵十分丰富的综合性概念，为了便于明确研究对象，钱学森根据构成要素的数量及其关联复杂度，对"系统"进行了全面的分类分级。依据构成要素的数量，可将系统分为小系统、大系统、巨系统；依据构成要素的关联复杂度，又可将系统分为简单系统（在一定程度上包含了小系统与大系统）、简单巨系统、复杂巨系统，进而可将复杂巨系统再细分为一般复杂巨系统、特殊复杂巨系统（见图 2 - 4），最终从庞杂的系统分类中确定了开放复杂巨系统这一研究对象。

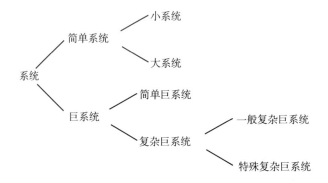

图 2 - 4　钱学森对系统的分类

从字面来看，开放复杂巨系统的特征集中于"开放""复杂""巨系统"三个方面。一是"开放",该系统并非处于封闭状态、孤立状态,而是与外界既有能量交换又有物质交换,是绝对存在的,可用以区别开放复杂巨系统与封闭复杂巨系统。例如,人体就是典型的开放系统,可以与外界进行能量与物质的交换。二是"复杂",该系统内部各要素并非简单叠加,而是可以相互作用并产生"1 + 1 > 2"的非线性增值效应,要素之间存在着错综复杂的关系,系统演化过程也呈现出一定的复杂性,可用以区别复杂巨系统与简单巨系统。三是"巨大",该系统内部的构成要素数量庞大、种类繁多,可用以区别巨系统与简单系统。通过一一对应以上三个特征,可以看出,综合性国家科学中心其实就是一个开放的复杂巨系统,将开放的复杂巨系统的思想、概念应用到本书的研究过程中,无论在理论上、实践上还是现实中,都有重要意义。

第四节 差异化协同理论

一、协同理论

协同理论(synergetics)也称为"协同学",是由哈肯(Haken,1977)提出的概念,与耗散结构理论、突变论合称系统科学领域"新三论",是研究系统之间相互作用规律的一门学科。哈肯认为,复合系统是由多个子系统构成的,在一定条件下,各子系统之间的相互作用会产生协调作用,从而实现系统的发展与演化,最终达到有序状态。系统内部子系统的相互耦合也被认为是系统自组织、有序化的根源。因此,协同理论重点研究的是系统内部各子系统之间如何以协同一致的行为来产生整体大于部分之和的效应。应用协同理论对综合性国家科学中心进行研究,是从微观视角去探究宏观世界,从而有助于把握四大综合性国家科学中心建设发展过程中,基于微观层面和宏观层面各环节协同发展的情况。

协同理论主要包括三个方面内容。一是协同效应。协同效应概念在协同理论中具有举足轻重的地位,一般用"1 + 1 > 2"来形象地表达。若系统内部子系统间通力配合协调运作,则系统整体性能可发挥出来,产生"1 + 1 > 2"的协同效应。相反,若子系统间相互掣肘、相互干扰,则各个子系统难以发挥其自身功能,甚至造成整个系统的内耗,使其处于一种混乱、无序的状态,无法产生协同效应。二是伺服原理。哈肯在协同论中,阐述了慢变量支配原则和序参量概念,一方面变量之间的支配由快慢来决定,慢变量支配快变量;另一方面序参量支配系统的演化过程、演化程度及演化结果,系统内部只有在少数几个变量起核心作用的前提下,才能使各个子系统协调配合,达到最优状态。三是自组织原理。自组织原理主要研究系统如何在没有外部指令的前提下,从无序状态走向有序状态的过程与规律。在与外界进行物质、能量与信息交换的前提下,若各个子系统之间存在非线性相互作用,则这种相互作用可以使子系统之间产生协同效应,也会使系统本身获得新的时间、空间或功能上的高度有序。

二、协同创新

协同创新(collaborative innovation)是区域间协同发展的重要抓手。协同理论与创新理论的长期研究与应用实践,使协同创新理论蓬勃发展,并具有了重要的理论意义与现实意义。协同创新理论是复杂系统理论的延伸,其演化伴随着创新由封闭式向开放式的转变,其目的在于突破创新主体之间的壁垒,推动深度合作,加快资源整合,实现"1 + 1 > 2"或"1 + 1 + 1 > 3"的非线性目标和效果。

关于国外协同创新理论的研究,伊戈尔·安索夫(Igor Ansoff,1957)在《多元化战略》一文中,提出协同是在企业内部资源共享的基础上实现共生共长的一种关系,也就是企业整体创造的价值大于内部各组成部分价值的总和,这一观点开启了关于企业协同创新研究的先河。其后,国外关于协同创新的研究越来越多,且起初片面的集中于含义及构成要素方面。阿本德(Abend,1979)认为创新观念、过程、人群、组织是协同创新管理的内容及目标,协同创新主体也由企业扩展至各种组织。金永日(Ilyong Kim,1993)指出企业主要通过协同内外部信息等创新要素提升国际竞争力,同时强调了市场营销手段对于实现协同创新的重要性。在不同学者聚焦于"创新要素协同"的基础上,"创新主体协同"也渐渐得到学术界的关注。库克（Cooke，1992）最早提出"区域创新系统"这一概念，并强调系统间通过垂直或水平模式相互影响、相互作用。梅特卡夫（Metcalfe，1995）则侧重于对"国家创新系统"的研究，认为国家创新系统由社会各参与主体构成，以启发、引进和扩散新技术来实现一系列共同的社会和经济目标。

国内关于协同创新的研究始于20世纪90年代末，尽管时间不是很久，但研究成果已十分丰硕。陈光（2005）指出协同创新是"以企业发展战略为导向，以提高协同度为核心，通过技术、市场等核心要素与文化、制度、组织、管理、资源等支撑要素的协同作用，推动企业高质量发展的过程"。朱祖平（1998）认为企业协同创新是产品、工艺、组织、文化等构成要素的深度合作。许庆瑞等（2004）则将协同创新精炼地概括为技术创新、制度创新相互作用而产生的行为。可以看出，以上这些观点均是以企业内部作为研究载体，聚焦于"创新要素协同"。以"创新主体协同"为研究视角，危怀安等（2013）认为，协同创新通过在企业、高校、科研机构、政府、科技中介及客户等多元主体之间，对技术、市场、制度、组织、文化、战略、信息、地理、管理、知识、资源、机制、环境等多维创新要素进行协同创新，以获取协同效应最大化。金林（2007）指出协同创新是"利用科技中介在政府、创新主体、创新源及社会不同利益群体之间发挥桥梁、传递、纽带作用，促进科技中小企业的技术创新活动和科技成果产业化而形成的一种协同关系"。可以说，"创新主体协同"的研究视角大大地拓宽了协同创新概念的边界。若论及协同创新的研究方法，国内外学者大多基于亨利·埃茨科维兹（Henry Etzkowitz，2016）提出的政府、产业、大学"三重螺旋"理论，或者前文提到的复杂适应性系统理论（CAS）等。例如，张秀萍等（2016）通过对三个国家级高新技术产业园区协同创新网络的测度与分析，揭示出以市场化导向为基础，强化官—产—学（研）创新联盟是区域协同创新的必然选择，其中中介机构的结构洞作用比较明显，是各类创新主体相互沟通、资源流动的重要桥梁。艾晓玉等（2015）基于CAS理论，认为协同创新是以建立官产学研用协同创新生态系统为目标，通过众多主体多阶段、多层次的协调配合，由经济、科技、市场、文化、服务等因素驱动的复杂适应性系统。

学术界目前关于协同创新理论的研究成果数量大、视角广、程度深、层次多，但对其概念仍未达成一致的看法。最初对协同创新的定义是基于企业及其内部构成要素之间的相互作用；而当下多数研究成果则基于创新主体或区域之间的深度合作，以及政产学研用之间的战略合作，目的是追求各方的长远利益，达成共赢。这就容易导致对于协同创新概念的理解出现一定的偏差。

三、差异化协同发展

差异化理论最早由哈佛大学商学院教授迈克尔·波特（Michael E. Porter, 2014）提出，他在《竞争战略》一书中提出企业获取竞争优势的三个通用战略为成本领先战略、差异化战略与目标集中战略。差异化战略作为其中一种竞争战略，是指厂商在生产要素、生产过程、产品本身，甚至是产品销售等方面与其他竞争性企业相比有着足以激发消费者偏好的特殊性，也可以说是"无可替代性"，从而在市场竞争中占据有利的地位。厂商通过实施差异化战略，可以有效减轻价格竞争的压力，并获取更高的超额利润。

若将差异化理论用于经济学，落脚于"区域差异化发展"，则可以从"分工理论""比较优势理论"中找到渊源。亚当·斯密（Adam Smith, 1776）在《国富论》中提出了分工理论与国际贸易理论，认为各国或各地区生产同样产品的成本存在差异，贸易可使各国或各地区按照成本最低化原则进行生产。因此，每个国家或地区都应当专业化生产其具有绝对优势的产品，并可以从消除无效率生产和得到更便宜的产品的贸易中实现互利共赢，进而可以达到优化资源配置，达到增加社会财富的目的。英国古典政治经济学代表人物大卫·李嘉图（David Ricardo, 1817）受亚当·斯密分工理论的影响，在其著作《政治经济学及赋税原理》中阐述了比较优势理论，他认为专业化分工以及国际贸易的前提不是绝对优势，而是比较优势。各个国家或地区都应本着"两利相权取其重，两弊相权取其轻"的原则，集中生产并出口相对成本低、具有"比较优势"的产品，通过贸易换回相对成本高、具有"比较劣势"的产品，以获得最高的生产效率与最大的社会福利。综上所述，亚当·斯密和李嘉图分别从经济学角度阐述了地域分工的合理性，这种地域分工也可称之为区域差异化发展，差异化发展不仅使区域之间相互依存度越来越高，也促进资源要素达到最优配置。

关于差异化协同发展理论，目前学术界仍未形成固定的研究基础与研究方向。在 CNKI 精确搜索包含"差异化协同"篇名的学术成果，目前仅有 18 篇，且权威性、理论性均不足，选题内容也大相径庭，与本书研究方向相关的更是寥寥无几。现有成果中，对本书具有启发意义的观点包括李军岩等（2020）对差异化与协同关联性的分析，他们认为，差异化是协同发展的基础，因为差异化为区域间的合作提供了可能性；协同发展是差异化的延伸，因为协同使具有明显差异化特征的主体在合作中产生优势互补，进而实现共同发展。杨森等（2019）通过对京津冀生态化路径的分析，指出京津冀经济圈要实现要素资源及经济增长的协调发展，则需要结合各自特点制定差异化发展路径。任杭洲（2018）认为，导致区域差异化发展的因素包括自然条件、自然资源、历史文化、人口差异、政策差异等，其差异具有客观性、长期性和动态性特征，实现区域协同发展的路径是区域间各因素的相互协作以及区域空间结构的不断优化。本书将在现有理论成果的基础之上聚焦国内四大综合性国家科学中心的差异化协同发展，以期为"差异化协同发展"理论的进步、充实提供鲜活素材与创新思想。

第三章

综合性国家科学中心的
功能特征及战略定位

本章将对综合性国家科学中心的功能特征与战略定位进行详尽分析与论述，旨在回答国家"为什么"建设发展综合性国家科学中心这一内核问题。

第一节　综合性国家科学中心的主要功能

综合性国家科学中心作为引领创新发展与产业升级的重要载体，对其功能的探讨自然离不开创新活动与产业发展。同时，综合性国家科学中心的社会功能涵盖了经济、政治、文化等各个领域。因此，本书将从科学研究、技术创新、管理创新、产业驱动、文化示范、辐射带动六大方面对其功能进行一一阐述。

一、科学研究功能

科学研究是一种创造性工作，是高校、科研院所等科研主体通过搜集、整理、调研、实验、推论、分析等一系列活动探求客观事物的内在本质与客观规律的过程，其目的在于解决问题、认识未知，推动人类社会不断向前发展，具有前瞻性、客观性、实践性、发展性等特点。

综合性国家科学中心作为提升我国科学研究水平的大型开放式研究基地，具有以下几个方面特征：第一，集聚众多的顶尖高校及科研院所。它们不仅拥有全球顶尖科学家、高质量科研团队以及优秀青年人才，还拥有一流的科研基础设施、前沿交叉研究平台以及稳定多元的基础性投入，这些优势极易引发科学研究的"聚变反应"，使综合性国家科学中心成为科研氛围最浓厚、科研成果最丰硕、科研经济最发达的区域，产生新的知识、新的思想。第二，与世界科学深度融合。综合国家科学中心作为我国开展科学研究的"中心"，不仅能与国际知名科技创新中心、科学城开展学术对接、平台对接，建立广泛的科研人才培养、科研项目交流合作网络，而且能通过举办国际高水平学术会议、高端专业论坛，在多学科领域发起国际创新合作论坛等形式，吸引八方科研英才、科研项目汇聚于此，加强与世界科学的深度融合。第三，综合性国家科学中心的科学研究活动包括基础研究、应用基础研究以及应用研究三类。当前，由于科学研究与产业发展日益紧密，导致基础研究与应用研究之间的边界也愈发模糊，随之催生出第三种研究形式——应用基础研究。基础研究可称之为纯理论研究，属于"地基工程"，其成果的诞生很可能需要"十年磨一剑"，且没有特定的应用目标；应用基础研究是将理论与实践相结合的一种研究形式，其目标贴近产业需求与市场需求，可以在不久的将来投入应用；应用研究则是为达到特定目标、解决实际问题而探索新方法或新途径的过程。目前，我国的四个综合性国家科学中心主要聚焦于基础研究与应用基础研究。

二、技术创新功能

技术创新是指企业等创新主体在科学研究的基础上开发大量新技术，或将现有的技术进行再次创新的过程。对技术创新的认识，若简单将其归结为纯粹的技术行为或者经济行为都有失偏颇，它其实是一个技术、经济一体化过程，是技术开发与经济应用"双螺旋结构"共同演进催生的产物。

当前，新一轮科技革命和产业变革持续推进、逆全球化势头凸显，突破科技封锁、实现技术创新是在这一大背景下抢抓契机，强化在全球创新版图中的地位，实现高质量发展的制胜关键与核心驱动力，而综合性国家科学中心作为国家技术创新体系的"定海神针"，具有以下几个典型特征：第一，集聚了大量的科技企业、企业研发中心以及科研院所。企业是技术创新的主体，这里的科技企业不仅包括著名的科技龙头企业、骨干企业，也包括高成长性、高附加值的科技型中小企业以及初创科技型企业。此外，企业也可开展面向科研院所的技术难题竞标、科技悬赏等"研发外包"，主动承接和转化科研院所产出的具有应用价值的技术成果。第二，拥有一流的创新创业生态环境。技术创新动能的激发和生长，需要良好的生态环境。目前，国内四大综合性国家科学中心都在创新创业指导、投融资服务、"放管服"改革、国际人才服务保障、落实鼓励企业创新的优惠政策、构建协同创新环境等方面精准发力，营造一流生态环境。第三，拥有较高的研发投入和产出规模。综合性国家科学中心作为新技术、新产品的创新增长极，一方面能够高度汇聚人才、技术、信息、资金等优质创新资源，达到较高的创新投入规模；另一方面其专利总量、专利质量、新产品数量、新产品销售收入等遥遥领先，具有较高的创新产出规模。

三、管理创新功能

管理创新是实现发展动力换挡升级的突破口，是落实创新驱动发展战略、推动更高水平开放合作的关键一环。从概念来看，管理创新是指组织在形成创造性思想的基础上，突破传统桎梏，将其转换为有用的产品、服务或作业方法，并对资源要素进行再优化配置的过程。换句话说，就是富有创造力的组织能够不断地将创造性思想转变为有用的结果。

综合性国家科学中心作为国家管理创新的"试验田"，具有以下几个方面的功能：第一，突破制度"瓶颈"。例如，在吸引海外高层次人才方面，综合性国家科学中心正探索建立与国际接轨的人才招聘、薪酬、评价、技术移民、便利化管理等制度，并在出入境、停居留、职业资格互认、社保跨境、科研物资通关等方面争取一批先行先试的政策，厚植人才制度优势。第二，升级管理模式。弱化"政府主导型"管理理念，使政府管理模式由"运动员"向"裁判员"转变，更好地发挥调控优势和引导作用。目前，综合性国家科学中心的建设一方面更加重视发挥一流大学、科研机构的主导优势，促使其主动承担建设任务，增强使命感与责任感；另一方面以市场化为导向、突出企业主体作用，使科技成果更多更快地转化为现实生产力。第三，优化管理机制。综合性国家科学中心的运行更加重视发挥高等院校、科研院所及产业的"三螺旋互动效应"，鼓励其共建研发平台、产学研基地，优化顶层设计，营造产学研多主体参与的协同创新生态。此外，个别地区还在创新科研项目支持机制、构建灵活的科研项目管理机制等方面进行优化探索。

四、产业驱动功能

产业驱动是指科学研究、技术创新对产业转型升级的推动作用。科学是技术之源，技术又是产业之源，因此，驱动产业创新发展既是科技创新工作的切入点，也是其落脚点。

综合性国家科学中心作为创新要素高度集中的区域，其拥有的创新能力决定了其强大的产业驱动力。第一，科研创新产出的新产品、新技术不仅能够催生新的产业部门与新的企业、形成新的生产活动领域，而且还可以改造提升传统产业，实现产业结构与产业组织模式的转型升级。第二，科学研究与技术创新所形成的成果必须经过成果转化这一道程序，才能形成新的产品、新的产业。当前，我国的综合性国家科学中心正聚焦于关键技术产业化需求，加快布局一批中试验证和成果转化基地，形成科技成果向规模生产转化的规范流程。第三，综合性国家科学中心的技术先进性决定了其产业形态的"高端性"，也就是在城市间的分工体系中占据产业链中高端位置，具有高附加值以及规模报酬递增的特点，避免了处于产业链低端的弊端，更易掌握关键核心技术并驱动产业发展。

五、文化示范功能

关于文化示范，简单来说就是以发展文化作为推动经济社会发展的动力。与科学研究、技术创新类似，文化的本质也在于"创新"，创新的原始动力不仅来自科技，更来自文化，真正具有竞争力、创新力的城市一定极具开放性、包容性以及深厚的文化底蕴。

作为科技创新的前沿阵地，综合性国家科学中心对区域间文化的交流与进步起着示范引领的作用。第一，综合性国家科学中心集聚了来自五湖四海的天下英才，也带来了来自四面八方的优秀文化与创新理念，不同的文化、不同的思想及科技与文化之间碰撞出了绚丽的火花，使综合性国家科学中心也成了先进文化的前沿阵地。第二，文化是人们在社会生产实践中逐步形成的知识体系、价值观念、生存方式等构成的观念形态的复合体，是历史过程的积淀（杜德斌，2015）。先进生产力往往滋生于最适宜的文化土壤，科技创新和产业变革也往往会直接影响人类的生产生活，塑造着这一时代的思想观念与主流价值观，从而引导人类价值观的演变与思想体系的演进，因此文化示范可以看作科技进步与经济发展的直接作用结果。第三，综合性国家科学中心的自由、开放、包容、有序，使其具有鼓励创新、宽容失败、敢于冒险、包容异己的创新创业文化氛围，这样的文化氛围有助于吸引来自不同地域的多样化人才，并最大限度地激发人才的创新创业活力，实现以文化引领技术进步与产业发展。

六、辐射带动功能

"辐射"是一个物理名字，后被广泛使用于经济领域。在物理学中，辐射是指能量高的物体和能量低的物体通过一定的媒介相互传送能量。在这一过程中，不仅能量高的物体向能量低的物体辐射能量，而且能量低的物体也能向能量高的物体反辐射能量，从净辐射能量的增量看，后者的能量增长大于前者的能量增长，最终两者达到相同的能量（高洪深，2002）。在经济领域，本书认为，经济辐射是指经济发达地区通过辐射效应将创新成果、经济动力、文化观点、思维方式等扩散传播至周边地区，待与周边区域联动发展后，周边区域再通过辐射效应将以上要素传导至更广阔的腹地，最终实现共同发展，并进一步提高资源配置效率。

综合性国家科学中心作为国家规划的重大创新体系建设基础平台，集聚了许多高端创新要素，搭建了大量优质创新平台，也将催生层出不穷的科技创新成果，发挥辐射带动作用去引领周边、引领全国，甚至引领全球科技创新，是综合性国家科学中心的责任与使命。综合性国家科学中心作为辐射带动的基点，具体表现为：第一，改革开放四十余年以来，中国发展日新月异，模仿创新、跟随创新之路已走到尽头，必须要有引领性的创新来突破核心技术、带动周边产业发展，而综合性国家科学中心无疑是国内现阶段最符合这一条件的引擎区域。第二，综合性国家科学中心与周边区域彼此之间存在着双向辐射。经济辐射的前提条件是资源的充分流动，前者向后者传递先进的科学技术、创新成果、管理经验、文化观点，继而又通过"虹吸效应"吸纳了后者的人才、资金、原材料、市场、信息，两者互补共促、市场共兴、功能共享，最终组成一个协同发展、交通互联、富有活力的网络型城市群，提高了产业链、创新链的整体效能。第三，辐射带动的方式包括点辐射、线辐射、面辐射三种。① 若将综合性国家科学中心作为原点，那么它对周边地区产生的辐射力与带动力，可称为点辐射。对于大湾区综合性国家科学中心这样的城市群来说，它们属于一个面，对周边地区的辐射，可称为面辐射，面辐射包括摊饼式辐射（空间上是连续的）和跳跃式辐射（空间上不连续，即先进地区可跳过一些地区直接带动落后地区发展）两种类型。

概而言之，综合性国家科学中心的六大功能相互作用、相互影响，并具有由基础向高端不断演进和升华的内在逻辑关系。科学研究是技术创新的源头，管理创新是科学研究与技术创新的保障，技术创新与管理创新驱动产业转型升级，文化示范则是科技创新和产业变革的最终结果，在以上五大功能的作用下，综合性国家科学中心的辐射带动功能会引领周边区域协同发展。其中，科学研究、技术创新、管理创新是综合性国家科学中心的三大基本功能，产业驱动、文化示范、辐射带动是综合性国家科学中心的三大派生功能（见图 3-1）。若说产业驱动是直接目的，文化示范是最终结果，那么辐射带动则是最高境界。

---

① 胡学勤：《经济辐射理论与我国经济发展战略构想》，载于《扬州大学学报（人文社会科学版）》2003 年第 6 期。

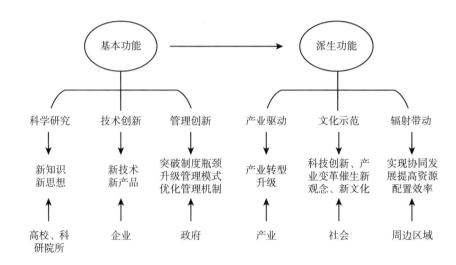

图 3 - 1　综合性国家科学中心的主要功能

第二节　综合性国家科学中心的战略定位

基于综合性国家科学中心所承担的基本功能：科学研究、技术创新以及管理创新，本书认为，其战略定位应概括为国际科学人才高地、国际一流创新基地、国际科技成果转化要地、国家体制机制改革前沿阵地、国家新型高端智库五个方面。

一、国际科学人才高地

人是社会实践活动的主体，人才是科学研究、技术创新活动的引擎主体。综合性国家科学中心实质上就是各类科学家、科技创新人才、产业人才、工程师人才的集聚中心。因此，综合性国家科学中心的建设势必要牢固确立人才引领发展的战略地位，汇聚培育一批引领综合性国家科学中心高质量发展的战略科技人才、科技领军人才、青年科技人才和高水平创新团队，构建具有全球竞争力的人才政策体系与体制机制，营造宜业宜居的人才生态环境，聚天下英才而用之。

二、国际一流创新基地

提升原始创新能力，努力攻克"卡脖子"技术，代表国家参与全球科技竞争与合作是国家布局综合性国家科学中心的使命所在。综合性国家科学中心将创新作为引领发展的第一动力，依托科技基础设施集群等重大创新载体以及研究型大学、科研机构等科研主体，汇聚全球顶尖创新人才团队，目的是突破关键核心技术，实现引领性原创成果重大突破。

三、国际科技成果转化要地

只有构建高效、健全的科技成果转化体系，方能提供高质量的科技供给，从而打通从科技强到产业强、经济强、国家强的通道。综合性国家科学中心需充分发挥政府的统筹作用与企业的主体作用，促进资金、技术、人才、项目、市场等创新要素对接，形成科研院所、高校与企业紧密结合的产学研协同创新模式，完善科技服务机制与风险投资机制，畅通科技成果从研发端到市场端的渠道，努力解决基础研究"最先一公里"和成果转化"最后一公里"有机衔接问题，建设成为全国乃至全世界科技成果转移转化的要地。

四、国家体制机制改革前沿阵地

破解体制机制改革难题，为科研创新活动提供强有力的制度保障，是综合性国家科学中心当前和今后所面临的一项重要任务。综合性国家科学中心有国家战略赋能，其建设发展要勇于先行先试，在更高层次、更高目标上推进开放创新，从知识产权保护、科研评价体系、国际化人才制度、深化产学研衔接等等方面深化体制机制改革，为专家人才、企业家营造自由探索、潜心研究的学术氛围以及一流的营商环境，吸引海内外创新要素加速聚集于此。

五、国家新型高端智库

综合性国家科学中心既是国际科学人才高地和国际一流创新基地，也是国家的新型高端智库。综合性国家科学中心集聚了海内外顶级科学家以及大量高层次人才，不论是创造新的思想理念、为经济社会发展建言献策、为政府决策制定提供科学依据，还是在国际舞台有效发声，提高我国的国际话语权，他们都能做出巨大的贡献，承担起作为国家智库的担当。新型高端智库的战略定位应主要聚焦于科技领域，但也涉及政治、经济、社会、文化等诸多领域。

第四章

综合性国家科学中心的组织结构分析

　　根据复杂系统理论，综合性国家科学中心作为一个具有开放性、动态性特征的复杂巨系统，是各类创新要素的综合系统集成。万钢在2012年浦江论坛上发表演讲时认为，创新生态系统具有自然生态系统的一些共性，包括主体的多样性、共生性及系统的净化性、自主性、开放性。因此，创新要素的综合系统结构多样、功能完善且涉及多方主体。本章将以人才作为核心要素，以科研机构、企业、政府作为主体要素，以前沿科学交叉研究平台、科技成果转化平台、重大科技基础设施作为客体要素，以政策环境、文化环境、制度环境、科技服务环境、城市公共基础设施作为环境要素（见图4-1），对综合性国家科学中心的组织结构进行全面深入地阐述与解读，为后续章节的比较分析提供支点。

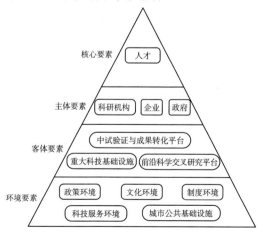

图4-1　综合性国家科学中心组织结构

第一节 核心要素

千秋基业，人才为先。人是推动社会不断向前发展的主体，从原始社会到农业社会、工业社会，再到现在的信息社会，这一系列社会变迁都是人类生产活动作用的结果。人才是人类群体中的佼佼者，具有资源稀缺、素质优秀、贡献卓越、不可替代、高度集中、高流动性等显著特征。在迈入知识经济时代的进程中，科技创新成为人类文明进步的唯一源泉，由于科技创新是一种对智力与专业性要求较高、难度较大的活动，所以需要优秀者，也就是人才发挥重要作用。多伦多大学教授理查德·佛罗里达（Richard Florida，2010）在其著作《创意阶层的崛起》中提出人才（talent）、技术（technology）、宽容（tolerance）是区域创新发展的必要条件。其中，技术是人才生产活动的结果，并通过人才发挥其作用，宽容性通过人的行为而体现并最终作用于人，因此，人才是科技创新过程中最核心的要素。由于强化原始创新能力、突破关键核心技术是综合性国家科学中心的目的与使命所在，人才要素贯穿于以上活动的全过程，是主导者与执行者，所以人才是综合性国家科学中心建设发展过程中最核心的要素。

一、人才概念及衡量标准

关于"人才"的概念，从近现代国内外领袖人物的解读来看，马克思、恩格斯并未给予"人才"一词特定的描述，只是在某些场合使用过该词，例如，马克思于1851年在一封信中提到"我们应当非常珍惜我们现有的人才"[①]。列宁于1922年在写给财政人民委员部的信中提出"人才——精明强干的人"这一说法，[②] 高度概括了人才的精髓。在我国，中国共产党历来重才、爱才，毛泽东的人才观认为"全心全意为人民服务、彻底为

---

①② 叶忠海：《新编人才学通论》，党建读物出版社2013年版。

人民利益而工作"是一个合格的人才所必须达到的要求。① 邓小平提出了"四有"新人的人才标准："教育全国人民做到有理想、有道德、有文化、有纪律"②，相比以往，对人才提出了更全面的要求。江泽民创造性地作出"人才资源是第一资源"的科学论断，③ 指出"人才是一个国家发展最重要的资源"，首次站在时代发展的高度将人才摆在了最重要的位置。胡锦涛提出了科学人才观，认为"人才存在于人民群众之中，只要具有一定的知识或技能，能够进行创造性劳动，为推动社会主义物质文明、政治文明和精神文明建设，在建设中国特色社会主义伟大事业中作出积极贡献，都是党和国家需要的人才"④，改变了人才评价标准以"帽"取人的现状。习近平高度重视人才工作，做出了"办好中国的事情，关键在党，关键在人，关键在人才。综合国力竞争说到底是人才竞争"⑤"人才是实现民族振兴、赢得国际竞争主动的战略资源。要坚持党管人才原则，聚天下英才而用之，加快建设人才强国"⑥"牢固确立人才引领发展的战略地位"⑦"深入实施新时代人才强国战略，全方位培养、引进、用好人才，加快建设世界重要人才中心和创新高地"⑧ 等重要指示，充分体现了党中央对人才和人才工作的高度重视。

从典籍来看，《辞海》将"人才"定义为"有才识学问的人，德才兼备的人"⑨，《现代汉语词典》将其定义为"德才兼备的人，有某种特长的人"⑩，都突出了"品德"的重要性。《领导科学辞典》认为"人才是在各种社会事件中具有一定专门知识、较高技能和能力，能够以自己创造性的

---

① 炳德日雅：《马克思主义人才概念探析》，载于《语文学刊》2015 年第 22 期。
② 《邓小平文选》(第三卷)，人民出版社 1993 年版，第 110 页。
③ 《江泽民文选》(第三卷)，人民出版社 2006 年版，第 319 页。
④ 《中共中央 国务院关于进一步加强人才工作的决定》，载于《人民日报》2004 年 1 月 1 日。
⑤ 2016 年 5 月 6 日，中共中央总书记、国家主席习近平就深化人才发展体制机制改革作出的重要指示。
⑥ 2017 年 10 月 18 日，中共中央总书记、国家主席习近平在中国共产党第十九次全国代表大会上的讲话。
⑦ 2018 年 5 月 28 日，中共中央总书记、国家主席习近平在中国科学院第十九次院士大会、中国工程院第十四次院士大会上的讲话。
⑧ 2021 年 9 月 28 日，中共中央总书记、国家主席习近平在中央人才工作会议上的讲话。
⑨ 《辞海》编辑委员会：《辞海》，上海辞书出版社 1980 年版。
⑩ 中国社会科学院语言研究所：《现代汉语词典》(第 7 版)，商务印书馆 2016 年版。

劳动对认识、改造自然和社会做出较大贡献的人，是人群中的精华"，重点聚焦于"才"这一方面①。从国家政策规划的表述来看，2010 年《国家中长期人才发展规划纲要（2010—2020 年）》将"人才"定义为"具有一定的专业知识或专门技能，进行创造性劳动并对社会做出贡献的人，是人力资源中能力和素质较高的劳动者"，并首次明确地将人才队伍划分为党政人才、企业经营管理人才、专业技术人才、高技能人才、农村实用人才、社会工作人才六大类②。从专家解读来看，叶忠海（1983）认为人才是"在各种社会实践活动中具有一定的专门知识、较高的技能和能力，能够以自己的创造性劳动认识、改造自然和社会，进而对人类进步做出某种较大贡献的人"。董博（2020）则在前辈学者研究成果的基础上，结合新时代新要求，认为"人才"应不受资历条件束缚，那些能够进行创造性劳动并对社会做出贡献的劳动者，在校大学生、研究生等尚未就业群体中的素质优秀者，可为我国所用的外国专家、海外人才、留学生等都应归属人才范畴。因此，由上述归纳可以看出，我国各界对人才的认识通常聚焦于品德、能力、贡献三个方面，定义如出一辙。

关于"人才"的衡量标准，从古至今一直在不断变化。例如，在孔子的人才标准中，品德、知识和能力都十分重要，即"志于道，据于德，依于仁，游于艺"；到了战国时代，人才是那些骁勇善战、力敌万夫的勇士；到了唐代，唐太宗强调"为政之要，唯在得人"，认为人才主要是那些治国理政的群体；到了宋代，宋真宗赵恒在《劝学诗》中描述："书中自有千钟粟，书中自有黄金屋，书中车马多如簇，书中自有颜如玉"，在当时看来，那些寒窗苦读而金榜题名的书生是重要的人才。纵观"百年党史"，衡量人才的标准也有所不同。抗日战争时期，毛泽东通过革命实践认识到，要取得抗战胜利，当务之急是培养大批在"经风雨""见世面"的实践过程中成长起来的领导者与管理人才；改革开放时期，邓小平尤其重视"勇于思考、勇于探索、勇于创新的闯将"；到了 21 世纪，科技创新活动引领着时代的发展，对人才的需求也有了新的标准，"创新之道，唯在得

---

① 孙瑕、白东明：《领导科学辞典》，东北师范大学出版社 1998 年版。
② 《国家中长期人才发展规划纲要（2010—2020 年）》，载于《人民日报》2010 年 6 月 7 日。

人""谁拥有了一流创新人才、拥有了一流科学家，谁就能在科技创新中占据优势"①，因此"培养造就一大批具有国际水平的战略科技人才、科技领军人才、青年科技人才和高水平创新团队"② 是当务之急。

二、综合性国家科学中心建设发展所需人才类型

在 2021 年 9 月 28 日的中央人才工作会议上，习近平提出"综合考虑，可以在北京、上海、粤港澳大湾区建设高水平人才高地"。综合性国家科学中心的建设发展需要不同类型的人才扮演不同的角色、发挥不同的作用。作为开展科技创新活动的主阵地，科技创新类人才、产业类人才在整个科学研究、技术创新过程中起着至关重要的作用。此外，公共服务类人才也不可或缺，他们在提供公共服务、为人才营造宜业宜居的发展环境等方面同样发挥着关键的作用（见图 4 - 2）。

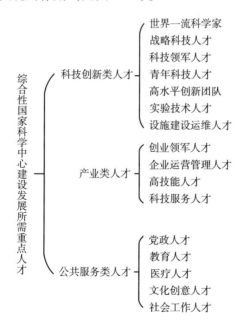

图 4 - 2　综合性国家科学中心建设发展所需重点人才类别

① 习近平：《努力成为世界主要科学中心和创新高地》，载于《求是》2021 年第 6 期。

② 2017 年 10 月 18 日，中共中央总书记、国家主席习近平在中国共产党第十九次全国代表大会上的讲话。

（一）科技创新类人才

这里所指科技创新人才，包含了世界一流科学家、战略科技人才、科技领军人才、青年科技人才、高水平创新团队、实验技术人才、设施建设运维人才等与"知识经济"相匹配，从事基础研究、应用基础研究、技术攻关、成果转化等工作，处于创新活动链上、中游的高端人才。其中，世界一流科学家是世界上极少数处于"人才金字塔"塔尖的佼佼者，他们不仅具备扎实的理论基础、高深的专业造诣、能够突破世界重大科学难题，而且拥有伟大的人格、崇高的学术素养、强烈的创新意识与超前的创新观念。

战略科技人才同样是人才队伍中的"尖子生"，他们具有把握世界科技大势、研判科技发展方向、产出重大科技成果的优势，在专业领域能够达到国际先进或国内领先水平，是综合性国家科学中心建设发展中的战略科技力量，具有极其重要的作用。若要延揽国际一流的战略科技人才，可通过"人才＋团队＋项目"的方式在全球范围内招募战略科技人才及其团队，或者通过重点关注近几年全球"高被引科学家"[①] 现状，精准对接并积极引进综合性国家科学中心建设发展过程中急需紧缺的国内外"高被引科学家"。

科技领军人才是指在科技发展中能够做出显赫贡献，处于某一领域领先地位，并能够对该领域的发展起到引领、带动作用的专家人才。科技领军人才具备强大的创新思维与创新能力，是一个国家、一个地区甚至一个单位内部技术创新的"领跑者"，同时又随着时间的推移而动态调整。

青年科技人才属于科技人才队伍中的储备力量与新生动力，具有一定

---

① 高被引科学家指科睿唯安根据被 ISI Web of Science Science Citation Index（SCI，科学引文索引）收录的全部自然科学领域和社会科学领域论文进行排名，基于 ISI Essential Science Indicators（ESI，基本科学指标）中的高被引论文，即发表的论文为所属领域中前 1% 的高引用论文识别出的全球最具影响力的科学人物。2020 年共有来自全球 60 多个国家和地区的 6167 人入选高被引科学家名单，其中中国内地共有 770 人次入选。

的解决科学问题与承担科技任务的能力，是创新活力最足的群体。对综合性国家科学中心的建设发展而言，既要有领头的科学家、战略科技人才、科技领军人才指引方向，也要有接踵而至的青年先锋发挥其潜在潜能，科学合理的人才队伍结构才能够实现科技实力的快速提升。博士后是青年科技人才的主力军，应支持综合性国家科学中心内高校和科研机构申请建立各类博士后科研流动站（工作站）、创新实践基地、博士后工作站分站，为有创新思想、创新热情的优秀青年人才提供开展探索性、原创性研究的平台。

高水平创新团队是在共同的理念与目标的指引下，由团队带头人和一定数量的科研人员组成，通过分工协作、优势互补、取长补短，提高创新效率，创造出一流的原创科研成果的一种有效组织形式，是科技创新活动的重要载体。应围绕综合性国家科学中心战略需求，瞄准前瞻性基础研究和前沿技术领域，鼓励跨国家、跨区域、跨组织、跨领域组建高水平创新团队，或通过举荐制等手段，按照"一事一议"规则引进一批具有国际水准的高水平团队来创新创业。

实验技术人才属于工程师人才，他们一般就职于高校、科研院所的实验室中，主要从事开发实验设备、创新实验课程、改进实验技术、运用管理高精尖仪器等实验工作，以及科研成果转化、课题研究、技术开发等科研工作，其个人素质直接影响着教学质量、科研进度以及实验室的建设发展。在引进实验技术人才的同时更应注重对其进行培养，应健全符合人才成长规律及岗位特点的评价体系与激励机制，提高其理论水平与实践能力。

设施建设运维人才也属于工程师人才，是对大科学装置进行建设、运营和维护的人才。大科学装置集群是申请并建设综合性国家科学中心的必备前提，因此，引进并培育一批服务科研的设施建设运维人才，实现科研装置实用价值的最大化至关重要。目前这类人才还十分短缺，现有高等院校或职业技术院校可考虑增设重大科技基础设施建设、运维课程，组织开展设施建设工程和运行管理知识技能培训，培育一批专业人才。

（二）产业类人才

产业类人才包括创业领军人才、企业经营管理人才、高技能人才、科技服务人才等产业创新发展过程中的中流砥柱。其中，创业领军人才是致力于前沿技术与关键核心技术的研发攻关，通过中试验证、成果转化等环节满足产业化需求，使研发成果最终应用于生产并进行创业的人才，他们助推了产业的跨越式发展，是掌舵产业发展方向的优秀创业者。综合性国家科学中心应建立重点产业创业领军人才项目库，对业绩突出或发展潜力较大的创业领军人才团队给予重点关注与适当资助。

企业经营管理人才是在企业中从事管理、决策、运营的企业家，以及从事投融资、知识产权保护等工作的中高层管理人员，他们具备高素质、专业化、复合型等特点，具有出色的领导能力、组织能力、社交能力，是企业人才队伍中的主导力量，也是打造一流企业、提升企业竞争力、驱动产业转型发展的核心要素。因此，地方政府应根据综合性国家科学中心发展战略需求，统筹规划企业经营管理人才队伍建设，为引进、培育一批具有国际视野的企业经营管理人才搭建平台、创造条件。

高技能人才也叫"蓝领人才"，是长期奋战在岗位一线，熟练掌握专业知识与技能，能够解决关键技术和工艺操作性难题，发挥着带徒传技的技能推广作用的专业人才，通过他们的生产实践方能推动各类产业竞相发展。作为国家创新体系建设的基础平台，提高企业自主创新能力，更快更好地培育具备"工匠精神"的高技能人才，是综合性国家科学中心的重要战略举措，这一举措的实施可以首先从建设一批高技能人才培训基地、技师工作站、技能大师工作室等为培训载体，多元化培育技能人才入手。

科技服务人才是指运用现代科学知识、现代技术手段及前沿信息等向科技创新活动提供服务的一类既懂技术又懂市场的复合型专业人才，其服务内容具体包括技术转移转化服务、知识产权服务、科技金融服务、检验检测认证服务、创业孵化服务、科技咨询服务等，这些科技服务是培育壮大新兴产业、促进传统产业转型升级的助推器。关于科技服务人才的引进，应从制定专项政策、利用跨国猎头、建立人才信息库、建立人才准入及信用监管机制、加大激励力度等方面进行推动。

（三）公共服务类人才

若想吸纳八方人才凝聚创新智慧，那么打造"近者悦、远者来"的人才发展环境就是首当其冲要做的事，而宜业宜居生态环境的营造离不开公共服务类人才的贡献。因此，公共服务类人才在综合性国家科学中心的建设发展中也发挥着不可替代的重要作用。

在综合性国家科学中心的建设过程中发挥关键作用的公共服务类人才主要包括党政人才、教育人才、医疗人才、文化创意人才和社会工作人才五类。其中，党政人才是一批政治坚定、勤政廉洁、激情有为、勇于创新、具有国际视野、善于推动科学发展的高素质人才，他们能够为科技创新活动的开展营造规范高效的公共管理与公共服务环境；教育人才主要是指在国内外教育领域具有一定影响力的人物以及学科带头人，引进高端教育教学人才不仅能营造良好的教育氛围与社会风尚，改善人口结构，而且可以为高层次人才解决子女就学难题，消除他们的后顾之忧；医疗人才主要是指医德高尚、医术精湛、医理扎实的高端医疗卫生人才、医疗骨干人才。看病就医是民生大事，是区域营商环境的重要体现，医疗人才素质高、医疗健康服务水平高，自然会提升区域对人才的吸引力，使人才真正实现"病有所医"；文化创意人才是指具有一定的文化底蕴与创新能力，能使自己特有的创意、才干转化为新的产品、服务，甚至成为未来经典的高端人才，他们能够攻克文化产业发展过程中的关键性技术问题，在一定程度上引领文化产业实现跨越式发展。以深圳为例，在广聚天下英才方面，目前正由"政策引才"向"文化聚才"转变，而多元兼容的文化环境的营造则离不开文化创意人才，尤其是造诣高深、德艺双馨的领军型文化名家的理念与付出；社会工作人才是指具有一定的社会工作专业知识与技能，能够在推进经济社会建设发展、改善民生等方面直接提供社会服务的专业人才。作为一支素质优良、规模庞大、专业性强的人才队伍，他们在深入实施人才强国战略、创新驱动发展战略，以及社会建设和社会发展过程中发挥着越来越重要的作用，因此，在支撑综合性国家科学中心建设发展的人才队伍中，社会工作人才也是必不可少的一部分。

第二节　主体要素

主体要素是综合性国家科学中心攻克重大科学难题和关键核心技术的主体，在科技创新过程中发挥着决策、驱动、管理等作用。美国学者亨利·埃茨科维兹曾提出大学、产业、政府"三螺旋"创新模式，强调了这三大要素的相互配合以及对区域创新所发挥的主体作用。因此，科研机构、企业、政府可称为支撑综合性国家科学中心建设发展的主体要素，他们在发挥不同功能的基础之上形成优势互补的合力作用，共同推动了综合性国家科学中心实现高质量发展。

一、科研机构

国家实验室、高校、科研院所、创新中心等同属科研机构，他们的定位功能类似，均是集传承、研究、创新于一体的独特组织，具有培养人才、科学研究、技术创新、成果转化等功能，能够不断输送新型人才、创造新的知识与新的科研成果并实现成果产业化。知识、创新不会随着时代的更迭而过时、过剩，那么科研机构也将永远是推动经济社会持续向前发展的源头动力。

（一）国家实验室

国家实验室是国之重器。根据《国家科技创新基地优化整合方案》，国家实验室被定位为体现国家意志、实现国家使命、代表国家最高水平的战略科技力量，是面向国际科技竞争的创新基础平台与保障国家安全的核心支撑载体。由于国家实验室代表了国家科学研究的最高水准，且建设国家实验室需要巨额的财政投入与大量的顶尖科学家，因此我国的国家实验室仍屈指可数。根据目前所能获得的资料可知，我国拥有11个正式运行的国家实验室以及6个国家研究中心。其研究方向涵盖了量子信息、光子科学、信息科学、网络通信、新能源、生命科学、材料、物理、海洋等多个领域（见表4－1）。

表4－1　　　　　　　　中国国家实验室基本情况

序号	类型	名称	年份	依托单位	城市
1	国家实验室	国家同步辐射实验室	1984	中国科学技术大学	合肥
2		正负电子对撞机国家实验室	1984	中国科学院高能物理研究所	北京
3		北京串列加速器核物理国家实验室	1988	中国原子能科学研究院	北京
4		兰州重离子加速器国家实验室	1991	中国科学院近代物理研究所	兰州
5		青岛海洋科学与技术国家实验室	2006	中国海洋大学等	青岛
6		合肥国家实验室	2020	中国科学技术大学	合肥
7		张江国家实验室	2020	中科院上海高等研究院	上海
8		鹏城国家实验室	2020	哈尔滨工业大学（深圳）等	深圳
9		昌平国家实验室	2021	北京大学	北京
10		怀柔国家实验室	2021	中国科学院大学	北京
11		中关村国家实验室	2021	中国科学院北京分院	北京
12	转为国家研究中心的国家实验室	沈阳材料科学国家（联合）实验室（转为：沈阳材料科学国家研究中心）	2000	中国科学院金属研究所	沈阳
13		北京凝聚态物理国家实验室（筹）（转为：北京凝聚态物理国家研究中心）	2003	中国科学院物理研究所	北京
14		合肥微尺度物质科学国家实验室（筹）（转为：合肥微尺度物质科学国家研究中心）	2003	中国科学技术大学	合肥
15		清华信息科学与技术国家实验室（筹）（转为：北京信息科学与技术国家研究中心）	2003	清华大学	北京
16		武汉光电国家实验室（筹）（转为：武汉光电国家研究中心）	2003	华中科技大学等	武汉
17		北京分子科学国家实验室（筹）（转为：北京分子科学国家研究中心）	2003	北京大学等	北京

资料来源：笔者整理。

城市分布方面，位于北京、合肥的国家实验室与国家研究中心有 11 个，在国内各个城市中遥遥领先。相较之下，上海、粤港澳大湾区已正式挂牌的国家实验室分别只有 1 个。此外，在中央的统筹谋划下，近两年国家集中科技力量在四大综合性国家科学中心分别布局建设首批新型国家实验室，即张江国家实验室、合肥国家实验室、怀柔国家实验室与鹏城国家实验室，目前均已正式挂牌运行。

（二）高校及科研院所

硅谷之所以能达到如今的独一无二与不可替代，除了 Google、Facebook、苹果等世界级大公司的支撑之外，也离不开斯坦福大学、加州大学伯克利分校、圣塔克拉拉大学等美国顶级学府的支持。同样，综合性国家科学中心的建设运营也离不开高校、科研院所的助力与带动。事实上，科技创新中心、综合性国家科学中心这类创新资源高度集中的城市（群）或地区往往也集聚了众多一流高校及科研院所。根据 2021 年 5 月 26 日全球顶级科研期刊《自然》增刊发布的中国 100 强科研机构名单[①]，其中就有 43 家位于北京、上海、合肥、粤港澳大湾区、成渝双城经济圈等国家科技创新中心或综合性国家科学中心（见表 4 - 2），排名前 10 的科研机构就有 8 家位于上述城市（群）。例如，北京集中了中国科学院、北京大学、清华大学、中国医学科学院北京协和医学院、中国农业科学院等世界一流名校及顶级科研院所，它们分别在科学、技术、医学、农业的创新发展以及人才的培养输出等方面为北京的发展带来了顶级的智慧与力量。此外，上海集聚了复旦大学、同济大学、上海交通大学等顶级名校，粤港澳大湾区汇集了香港大学、中山大学等综合实力雄厚的重要科研力量，合肥拥有排名第 2 位的以前沿科学研究为主的中国科学技术大学，成渝经济圈则坐拥四川大学、电子科技大学等西南地区"双一流"院校。这些科研机构所凝聚的思想理念、文化底蕴与学术资源，为区域创新发展提供了强有力的思想引领、精神动力与智力支撑。

---

① 2021 年 5 月 26 日，《自然》发布增刊"2021 中国自然指数"，"2021 中国自然指数"基于自然指数（nature index）数据，展现了中国在自然科学领域最新的科研产出情况，揭示了中国科学人才流动和国际科研合作方面正经历的变化，并列出了中国 100 强科研机构名单。

表4-2　　　　　综合性国家科学中心所拥有的100强科研院所

城市（群）	中国100强科研院所及排名
北京	中国科学院（1）、北京大学（3）、中国科学院大学（4）、清华大学（6）、北京师范大学（26）、北京理工大学（38）、北京化工大学（41）、人民解放军（42）、北京航空航天大学（44）、北京科技大学（50）、中国医学科学院北京协和医学院（56）、中国气象局（64）、中国农业大学（67）、中国农业科学院（79）、北京工业大学（89）
上海	上海交通大学（8）、复旦大学（9）、华东师范大学（21）、同济大学（25）、华东理工大学（30）、上海科技大学（49）、上海大学（57）、东华大学（63）
粤港澳大湾区	中山大学（10）、南方科技大学（12）、香港科技大学（24）、华南理工大学（28）、香港大学（32）、香港城市大学（34）、香港中文大学（36）、深圳大学（39）、暨南大学（45）、香港理工大学（54）、广东工业大学（66）、华南师范大学（71）、南方医科大学（95）、香港浸会大学（100）
合肥	中国科学技术大学（2）、合肥工业大学（90）

资料来源：根据《自然》增刊发布结果整理。

（三）各类创新中心

2020年3月，科技部印发《关于推进国家技术创新中心建设的总体方案（暂行）》，提出了"围绕国家创新体系建设总体布局，形成国家技术创新中心、国家产业创新中心、国家制造业创新中心等分工明确，与国家实验室、国家重点实验室有机衔接、相互支撑的总体布局。"的基本原则。所以，本书这里提到的"各类创新中心"，主要是指国家级的新型创新载体，如产业创新中心、技术创新中心、制造业创新中心以及企业技术中心等。与科研院所不同的是，科研院所的建设主体是政府或高校，其主要作用是承担科学研究或技术研发任务，而各类创新中心通常是由企业发起并创建的大型公共服务平台，旨在整合高校、科研院所、企业等创新资源，弥补科技与产业之间的断层，打通从源头创新至科技成果转移转化的路径，以科技发展带动产业变革。

其中，国家产业创新中心由国家发展改革委批复，定位于实现从技术到产业的转化，致力于优化整合行业内的各类创新资源，推动产业链、创新链、资金链和政策链深度融合，打造"政产学研资"紧密合作的创新生态，助力创新型企业孵化并推动产业集聚升级。国家技术创新中心由科技部批复，主要按照综合类、领域类两个类别进行布局建设，定位于实现从科学到技术的转化，致力于前沿技术与行业关键共性技术的研发攻关，抢占全球技术创新制高点，为产业发展提供技术源头供给。国家制造业创新中心由工信部批复，是面向制造业创新发展需求而建立的创新平台，旨在攻克制造业行业关键共性技术，塑造"科技→成果转移转化→产业化应用"的全链条模式。国家企业技术中心也是由国家发展改革委批复，是国家鼓励并支持企业所设立的技术研发与创新机构，该机构一方面可推动企业在科技创新中发挥主体作用，另一方面可通过制定企业技术创新规划、开展产业技术研发、构建协同创新网络等方法有效帮助企业应对市场竞争，企业技术中心的批复也是国家对某一企业综合实力的认可。综上所述，四类创新中心的功能定位虽各有千秋，但边界感仍不清晰，存在一定的交叉重叠，这一现象易造成资源分散配置以及同质化竞争，接下来应完善顶层设计，明确功能定位，制定差异化发展战略，促进各类创新中心分工明确、优势互补、资源共享、互利共赢，共同支撑高效协同的国家创新体系建设。

近年来，在群雄逐鹿的创新局面下，国家陆续将二十余家国家级创新中心分别布局于北京、上海、深圳、武汉、西安、沈阳、苏州等科技重镇。其中，综合性国家科学中心也瞄准国家战略与世界科技前沿，谋篇布局并构建形成了位于合肥的国家智能语音创新中心、深圳的国家高性能医疗器械创新中心、国家5G中高频器件创新中心，位于怀柔的国家动力电池创新中心以及位于广州的国家印刷及柔性显示创新中心等国家级创新中心，通过加强体制机制创新建设，推动技术向产品的转移转化。

（四）重要功能

科研机构是吸引并培养人才的重要基地。一方面，科研机构学科门类齐全、育人体系健全、教学与科研完美结合，可以满足学生接受系统高等教育、培养创新能力的需求，其每年培养的大学生、硕博士研究生是知识传承以及新思想、新理念输出的重要载体，也是综合性国家科学中心等创新平台建设的人才来源。另一方面，科研机构基础研究实力雄厚，科研经费投入与配套设备整体水平较高，可以吸引一流科学家、专家学者、高层次人才以及青年人才来交流学习并开展研究，因此成为推动区域创新发展的重要智库。

美国斯坦福大学发布的"2020全球前2%顶尖科学家榜单"通过一个综合了6个引用指标的打分评选出了世界排名前10万名的科学家，从榜单统计结果可知，在这10万名科学家中有1647位来自中国，其中前100位中国学者中有8位来自清华大学，其次是上海交通大学、中科院、中国科学技术大学、浙江大学、北京大学、复旦大学等（见图4-3）。因此，作为国家创新体系建设基础平台的综合性国家科学中心，其蕴含的巨大创新潜能在很大程度上得益于这些著名科研机构所输送的世界一流科学家以及众多优质创新人才。

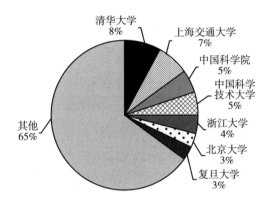

图4-3　"2020全球前2%顶尖科学家榜单"前100位中国科学家隶属科研机构分布

资料来源：笔者根据美国斯坦福大学发布的"2020全球前2%顶尖科学家榜单"整理。

科研机构也是开展科学研究的重要基地。自19世纪初德国教育家威廉·冯·洪堡（Wilhelm von Humboldt，1810）将科学研究引入大学以来，大学就成为集传授知识与创造知识于一体的高等教育机构。因此，科研机构不仅是人才成长的摇篮，同时也是开展科学研究的重要场所以及科技创新成果的发源地。

再以《自然》增刊发布的中国100强科研机构为例，根据2020年贡献份额可以看出，科研产出最高的十个科研机构分别为中国科学院、中国科学技术大学、北京大学、中国科学院大学、南京大学、清华大学、浙江大学、上海交通大学、复旦大学、中山大学，主要集中于北京、上海、广州、合肥、南京以及杭州，这几所科研机构作为四大综合性国家科学中心和江浙地区的知识生产中心，可以源源不断地为该地区输送最新的新知识、新技术，以及新文化、新理念（见表4-3）。

表4-3　　　　　　　自然指数2021中国科研机构前10强名单

排名	科研机构	贡献份额[a]	论文数[b]	全球排名
1	中国科学院	1886.71	5790	1
2	中国科学技术大学	448.5	1270	11
3	北京大学	446.11	1634	12
4	中国科学院大学	425.66	2503	13
5	南京大学	417.89	1022	14
6	清华大学	394.09	1360	18
7	浙江大学	342.07	850	22
8	上海交通大学	295.15	839	30
9	复旦大学	291.18	799	33
10	中山大学	269.22	715	35

注：a 贡献份额，即"分数式计量（fractional count/FC）"，旨在体现每位论文作者的相对贡献。一篇文章总分值为1，每位作者被认为对论文有相同的贡献，分值在所有作者中平均分配。例如，一篇论文有十个作者，则每位作者的得分为0.1。

b 论文数，即"论文计数（article count/AC）"，是指一篇文章不论有一个还是多个作者，每位作者所在的国家/地区或机构都获得1分。这就是说一篇论文能为多个国家/地区或机构带来一个分值。

资料来源：根据《自然》增刊发布结果整理。

二、企业

企业是科技创新的市场主导力量，他们以市场需求为导向，促进科技成果转化，组织产品生产和服务供应，加快技术创新成果向现实生产力转化，是促进产业发展与转型升级的"开路先锋"，而龙头企业更是其中规模较大、投入较高、产出较多，能够对整个地区的科技创新活动起到一定的辐射带动作用与技术溢出效应的企业，是综合性国家科学中心形成与发展的重要标志与引擎。根据《全国科技创新百强指数报告2021——企业、高校及研究机构篇》^① 显示，包括华为、京东方、国家电网等在内的前100强科技创新龙头企业大多分布于北京、上海、大湾区等综合性国家科学中心，占企业总数的61%（见表4-4）。

表4-4　　综合性国家科学中心及其所拥有的100强科技创新龙头企业

城市（群）	中国100强科技创新企业及排名
北京	京东方（2）、国家电网（3）、中国石油化工（7）、百度（10）、小米（11）、中国石油天然气（14）、联想（15）、京东世纪贸易（18）、电信科学技术研究院（22）、中国建筑（29）、三快在线（30）、字节跳动（33）、视联动力（36）、中国建筑一局（37）、航天信息（40）、同方威视（41）、时代民芯（45）、航天长征火箭（46）、奇艺世纪（49）、嘀嘀无限（51）、东旭集团（57）、中国印钞造币总公司（63）、中国联通（72）、搜狗（75）、中国移动（80）、首都航天机械（85）、国家能源集团（99）
上海	联芯科技（43）、中国银联（50）、展讯通信（59）、联影医疗（87）、蔚来汽车（91）
粤港澳大湾区	华为（1）、中兴通讯（4）、格力电器（5）、腾讯（6）、美的集团（8）、OPPO（12）、南方电网（13）、VIVO（16）、大疆（19）、比亚迪（20）、华大基因（23）、平安科技（24）、东阳光药业（32）、国华光电（35）、欧普照明（39）、华讯方舟（48）、柔宇科技（52）、壹账通（61）、银隆新能源（64）、宇龙计算机通信（65）、中广核（67）、吉瑞科技（70）、光启空间（74）、前海达闼云端（76）、君天电子（82）、TCL（83）、杰理科技（84）、京信通信（89）
合肥	国轩高科动力能源有限公司（38）

资料来源：根据《全国科技创新百强指数报告2021——企业、高校及研究机构篇》整理。

（一）创新投入较高

创新投入是企业创新活动过程中财力与人力投入的总和。龙头企业财力雄厚，研发支出规模大，在区域创新体系建设中发挥了重要作用，是区域创新投入的主要来源；而龙头企业之所以能强势崛起并长盛不衰，也得益于其高额的研发投入与人力投入。从研发投入来看，以大湾区综合性国家科学中心的华为技术有限公司为例，根据《中华人民共和国2020年国

---

① 《全国科技创新百强指数报告2021——企业、高校及研究机构篇》于2021年5月30日正式发布。《报告》分企业篇、高校篇、研究机构篇，以2016~2020年全国专利信息为核心数据源，对全国企业科技创新500强，全国高校、研究机构科技创新50强，就"总体情况、区域分布情况、主要城市或区域内对比情况、行业分布情况"四个分析模块，对创新主体科技创新指数排序情况、分布格局、发展态势、指数结构进行了全面对比分析，由八月瓜创新研究院完成。在数据质量把控方面，报告所选用的统计数据来源于国家知识产权局、国家统计局、世界知识产权组织、八月瓜专利数据库和国内知名大数据平台。

民经济和社会发展统计公报》《华为投资控股有限公司 2020 年年度报告》，2020 年全年我国研究与试验发展（R&D）经费支出 24426 亿元，华为全年研发投入 1418.93 亿元，占全国研发总投入比重高达 5.8%，其平均研发强度（研发投入占销售额①的比重）高达 15.9%。从人力投入来看，在中国 100 强科技创新企业中，中国石油天然气集团公司 2020 年员工总数达到 134 万余人，国家电网 90 万余人，中国石油化工集团公司 58 万余人，② 员工总数分别位列世界第二位、第四位、第九位。

（二）创新产出较多

衡量创新产出的主要指标是专利，但对于企业而言，其创新活动的最终目的是实现技术成果的商业化应用以及产品的市场化销售。因此，企业销售收入也可作为衡量创新产出的又一重要指标。

从 2020 年国内外企业专利授权量来看，③ 在排名前 10 位的龙头企业中，位于大湾区综合性国家科学中心的有 5 家，包括华为、OPPO、腾讯、格力电器、VIVO，这 5 家企业的专利授权总量共计 17148 件，占排名前 10 位企业专利授权总量的 58.4%，其中华为公司更是遥遥领先，数量几乎相当于第二名、第三名之和。位于北京综合性国家科学中心的有 3 家，包括中石化、京东方以及国家电网，这 3 家企业的专利授权总量共计 8301 件，占排名前 10 位企业专利授权总量的 28.3%（见表 4 - 5）。

表 4 - 5　　　　2020 年度专利授权量排名前 10 位的企业

排名	企业	专利授权量	所在地	排名	企业	专利授权量	所在地
1	华为	6393	深圳	6	格力电器	2677	珠海
2	OPPO	3580	东莞	7	国家电网	2498	北京
3	中石化	2921	北京	8	阿里巴巴	2098	杭州
4	京东方	2882	北京	9	三星	1824	韩国
5	腾讯	2812	深圳	10	VIVO	1686	东莞

资料来源：根据 incoPat 专利数据库公布的《2020 年公告发明授权专利年报》整理。

---

① 根据《华为投资控股有限公司 2020 年年度报告》，2020 年华为公司销售额为 8913.68 亿元。
② 2020 年《财富》世界 500 强 50 家员工人数最多公司。
③ incoPat 专利数据库公布的《2020 年公告发明授权专利年报》，该报告统计仅限于在国家知识产权局公告的专利，不限于国内企业与国外企业。

从企业销售收入来看，再以华为公司为例，2020年华为实现销售收入8913.68亿元，① 相当于深圳市2020年GDP总量的32%。由此可见，作为创新产出的主力，创新龙头企业在区域科技创新与经济发展中起到了何等重要的作用。

（三）辐射带动效应明显

在产业发展过程中，龙头企业往往发挥着"头雁"作用，能够以一己之力带动产业链上下游以及行业内更多企业的跟随，并通过技术溢出带来该行业技术的进步以及生产力的不断向前。

近年来，我国信息和通信技术产业发展迅速，华为作为龙头企业更是持续带动了整个行业的进步，如在无线接入领域、智能IP网络领域、云核心网领域、绿色数据中心、折叠屏、LTE产业等方面均实现了在通信行业的创新引领，带动了上下游产业链的本土化需求，并且加入了600多个标准组织、产业联盟和开源社区，积极参与和支持主流标准的制定，推动了产业的良性发展。此外，作为我国互联网行业的三大巨头之一，腾讯公司不仅在"互联网＋"、云计算、AI、人脸识别、语音信息处理等领域实现了由"领先者"向"引领者"的转型，而且横跨社交、金融等多个领域，带动社会创业就业人次高达数千万，真正地担负起了作为行业领袖的责任与担当。

三、政府

政府在城市与区域发展中同时扮演着"决策者"与"服务者"的角色，其主观能动性在很大程度上决定着社会的未来走向、秩序规范以及利益分配。在大学、产业、政府"三螺旋"创新模式中，政府发挥着关键性主导作用，它打破了科研机构与企业之间的组织边界，为二者牵线搭桥，提供全方位政策扶持与协调指引，促成了彼此之间交叉与融合。在综合性国家科学中心的建设发展中，政府这只"有形之手"起着举足轻重的作

---

① 《华为投资控股有限公司2020年年度报告》。

用，它不仅是政策、规划、法律法规以及社会制度的制定者，还是人才科研与创新创业补贴的投入者以及中小企业发展的扶持者，同时也是创新蓝图的绘制者、公共服务的提供者。

（一）提供政策与制度保障

"公共政策是政府为解决各种各样的问题所作出的决定。"[①] 同时，新制度经济学认为，制度创新的主体有政府、团体、个人三类，其中政府处于核心地位，是制度的最大供给者，且政府制度创新通常是成本交易最低的创新形式，因为政府在制度创新中具有强制优势、组织优势、超脱优势、效率优势，制度创新是政府的一项基本职责。[②] 因此，政府制定规则，规则造就社会。作为经国家批复的创新体系建设基础平台，综合性国家科学中心从形成到发展都离不开政府所营造的良好的政策与制度环境。通过前述"公共政策"理论可知，政府政策的制定意味着对公共资源的战略性分配与运用，那么综合性国家科学中心可以说是创新资源整合的"集大成者"。

首先，政策可以为创新活动添力赋能。以深圳光明科学城为例，作为大湾区综合性国家科学中心的先行启动区，政府出台了一系列的政策措施为光明科学城的科学研究活动以及重点发展的"3+1"产业保驾护航，其政策扶持主要表现为财政支持、行业引导和制度创新探索三个方面。政府把以生命科学产业、新材料产业、智能产业为主导，以科技服务业为支撑的"3+1"产业作为财政投入的重点对象，印发了《深圳市光明区人民政府关于印发深圳市光明区支持3+1产业发展系列政策的通知》《光明区支持科技型中小企业的科技金融若干措施》等文件，提出了对依托光明科学城重大科技基础设施及前沿交叉科研平台开展成果转化的生命科学、新材料、智能产业化项目给予总额最高为800万元的资助，对新落户的国家高新技术企业一次性给予50万元资助等利好措施。为了引导重点产业的发展，产业主管部门通过与其他职能部门、行业协会和企业的合作，为中小

---

① ［美］斯图亚特·S. 那格尔：《政策研究百科全书》，林明等译，科学技术文献出版社1990年版。

② 刘瑞：《中国政府行政体制制度创新》，山西大学硕士学位论文，2005年6月。

企业新技术的开发提供支持，同时也为企业提供财务管理、市场营销、特许经营等咨询服务，有效减轻了企业负担。在制度创新探索方面，《深圳市人民政府关于支持光明科学城打造世界一流科学城的若干意见》亦部署了诸如科研项目经费包干制、推动技术移民试点、下放职称评审权限等体制机制探索发展的新模式。

其次，政策可以为创新活动提供有力保护。知识产权保护体系的构建与完善为创新成果的维护起到了重要支撑作用。例如，合肥在全国各大省会城市中率先制定《知识产权审判领域改革创新实施细则》，完善了知识产权证据规则、审理方式、法律适用等知识产权诉讼制度。同时，合肥法院凝聚各方合力，于 2019 年与 11 家单位共同签署《知识产权保护合肥宣言》，推动行政执法标准与司法裁判标准相统一，为技术创新活动创造了良好的法治环境。除知识产权保护之外，"反垄断"也从制度上保护了企业，促进了新创企业在公平市场竞争中成长壮大。为有效预防和遏制垄断行为，我国于 2008 年 8 月 1 日起正式施行《中华人民共和国反垄断法》，对经营者达成垄断协议、滥用市场支配地位、经营者集中、滥用行政权力排除、限制竞争效果等垄断行为进行了明确禁止，为创造公平有序的环境提供了法律保障。

最后，政策可以为人才集聚锦上添花。对于人才来说，发展平台、生活配套固然重要，人才政策的制定与落地也是招揽人才的重要砝码。近年来，上海张江综合性国家科学中心在"人才 20 条""人才 30 条""科改 25 条"等政策法规体系的指引与鼓励下，人才数量不断攀升，人才结构不断优化，人才效能不断提升，已成为国际一流的创新人才汇聚之地。截至 2020 年底，张江从业人员约 238 万人，其中青年人才占 80% 以上，企业留学归国和外籍人才占 3.2%，集聚了全市 80% 以上的高端人才以及 330 家国家级研发机构，国家级海外高层次人才、上海领军人才均超过千人①。

（二）绘制创新蓝图

政府编制发展规划蓝图，有助于立足全局，着眼未来，从战略高度将

---

① 根据 2021 年 3 月 30 日上海市委常委、副市长吴清在上海市政府新闻发布会上介绍有关张江国家自主创新示范区成立十年来的建设发展情况整理。

长远目标与近期任务紧密结合，是区域创新驱动发展的基础条件。近年来，为支持科技创新中心、科学城、综合性国家科学中心等创新载体的建设发展，国家层面相继出台《国家重大科技基础设施建设中长期规划（2012—2030年）》《国家创新驱动发展战略纲要》《粤港澳大湾区发展规划纲要》《中华人民共和国国民经济和社会发展第十四个五年规划和2035年远景目标纲要》等规划文件，地区层面也已发布或正在编制《怀柔科学城建设发展规划（2016—2020年）》《张江科学城建设规划》《合肥滨湖科学城总体规划（2018—2035年）》《深圳光明科学城总体发展规划（2020—2035年）》等指导性规划，而目前综合性国家科学中心等创新载体之所以蓬勃发展，都应归功于政府的长远规划。

再将目光投向国外，印度班加罗尔科技园的成功也主要得益于政府的规划蓝图。20世纪80年代，印度政府开始将信息技术产业作为重点产业加以开拓发展，并于1984年成立了软件开发局。1986年，印度政府颁布《计算机软件出口、发展和培训政策》，并在班加罗尔地区投入了大量的创新资源。20世纪90年代初，印度政府制定了重点开发计算机软件的长远战略，并将全国第一个计算机软件技术园区建立在班加罗尔。1999年，印度政府出台《IT行动计划》，提出成为世界IT超级大国的战略决策，更是带动了班加罗尔科技园的巨大发展。

（三）提供公共服务

政府提供的公共服务，普遍来说，主要包括基础性公共服务、民生性公共服务、安全性公共服务等。诸如交通设施、教育、医疗、住房、文化、政务服务、商业配套、市容环境、消防安全等要素，都属于政府公共服务范畴，都会对科技创新活动的顺利开展以及营商环境的优化产生重要影响。可以说，政府公共服务不仅是配套，而且是真正的价值配置杠杆。

为营造良好创新创业氛围，深圳前海深港现代服务业合作区管理局全面升级"医教住"生活配套，积极引进哈罗公学、荟同国际学校、礼德公学等国际教育机构，规划建设国际医院，出台《深圳市前海深港现代服务业合作区人才住房管理暂行办法》，建设人才公寓、人才保障房，积极营造宜居宜业的发展环境，让人才能够真正的"安居乐业"。深圳光明科学城也以"打造与世界一流科学城相匹配的公共服务体系""把世界一流标准首先体现到市容环境上"为目标，从基础教育、文体生活、医疗卫生、住房保障、社会保障、综合交通、基础设施、城区颜值等方面下大功夫，目的是弥补政府基本公共服务的短板，以优质的城市品质营造良好的创新创业空间，提升人才吸引力，夯实人才归属感。

再以美国为例，硅谷科技创新中心在教育配套上所拥有的比较优势是其能够持续获取创新型人才的重要途径。在整个旧金山湾区及周边地区，分布着包括斯坦福大学、加州大学伯克利分校、加州大学旧金山分校、旧金山州立大学等在内的 60 多所世界一流大学，它们为硅谷的创新发展接连不断地输出新思想、新技术、新文化及顶尖人才，是硅谷的成功之源。此外，华尔街繁华的商业配套设施也是其吸引集聚全世界最优秀金融从业者的筹码之一，通过咖啡厅、餐厅等社交场合所营造的竞争对手或合作伙伴之间的交流密度，才是美国金融创新真正的空间生态所在。

第三节　客体要素

一般来讲，客体要素是存在于主体要素之外的客观事物。在本书的语境下，客体要素主要是指开展基础科学研究及实现科技成果转化所依托的公共实验研究平台。《中共中央关于制定国民经济和社会发展第十四个五年规划和二〇三五年远景目标的建议》提出，"加强基础研究、注重原始创新，优化学科布局和研发布局，推进学科交叉融合，完善共性基础技术供给体系"。在综合性国家科学中心的建设发展中，客体要素主要包括前沿科学交叉研究平台、中试验证与成果转化平台等创新平台以及重大科技基础设施。

一、前沿科学交叉研究平台

前沿科学交叉研究平台的建设主体为高校、科研院所，是为不同创新主体搭建的交流沟通平台，目的是以集成创新的方式解决跨学科、跨领域、多主体交叉的复杂前沿科学问题，是综合性国家科学中心建设的重要内容。例如，合肥综合性国家科学中心已规划建设地球和空间科学前沿、物质科学交叉前沿、医学前沿科学和计算智能前沿等三大世界级技术研究中心。其中，地球和空间科学前沿研究中心主要是在地球物质演化和循环、大气与空间环境要素、行星科学等方面开展多学科交叉原始创新；物质科学交叉前沿研究中心将着眼于物质的微尺度层面，探索信息、能源、健康、环境、材料等领域的重大基础科学问题；医学前沿科学和计算智能前沿研究中心则聚焦"生命健康＋"新兴前沿研究领域，重点建设生命科学与医学、信息、人工智能等多学科前沿交叉研究平台。

二、中试验证与成果转化平台

中试验证与成果转化平台是推进创新链与产业链精准对接的桥梁。其作用主要在于形成重大科技成果向规模生产转化的工程化验证环境，将具有实用价值的创新成果应用于相关产业、市场，以实现知识、技术的转移转化与成果的商品化、市场化、规模化应用，最终推动已有产业的转型升级、新产业的形成以及全社会技术的进步，是典型的"创新扩散"过程。

科技成果转化这一概念产生于我国科技体制改革这一大背景下，与国外的技术转移、技术转让等概念殊途同归，认为创新成果主要是沿着"基础研究→应用开发→中试→产业化"这一链条导入至经济系统中。科技成果转化对综合性国家科学中心的价值实现具有深远的战略意义。目前，国内几大综合性国家科学中心对成果转化以及打通成果转化"最后一公里"的中试验证环节均高度重视。例如，深圳市工程生物产业创新中心探索了"楼上创新、楼下创业"的楼上楼下创新创业综合体模式，即楼上是研究院，楼下是企业，目的就是缩短周期、提高效率、加强沟通，实现从技术到产品的迅速转化。此外，怀柔综合性国家科学中心于 2020 年 12 月印发《北京市怀柔区促进科技成果转移转化实施方案》，张江综合性国家科学中心正在探索推行"张江研发＋上海制造"的成果转化与产业化模式，合肥综合性国家科学中心也于 2021 年起草了《合肥市科技成果转化中试基地（平台）备案管理办法（试行）》，目标都是加强科技与经济的紧密结合，形成重大科技成果向生产力转化的良好环境。

三、重大科技基础设施

重大科技基础设施是指通过较大规模投入和工程建设来完成，建成后通过长期的稳定运行和持续的科学技术活动，实现重要科学技术目标的大型设施，是科学研究的重要工具。其科学技术目标面向国际前沿，为国家经济建设、国防建设和社会发展做出战略性、基础性贡献①。重大科技基础设施通常也被称作"大科学装置"或"大科学工程"，按其用途可分为专用研究设施、公共实验平台和公益基础设施三类。其"重大"特性不仅在于能否体现国家科技战略意图，强化国家科技战略力量，解决经济社会发展所面临的重大科技难题，也在于建设运行组织规模、投资体量是否"重大"或"大型"。因为"重大"，设施的整个生命周期从预先研究到规划、设计、建设、运行及未来的升级改造，常常会达到几十年，其立项建设不仅需要通过高水准的科学、技术与工程方案评估，以及对未来发展方向、水平和需求的评估，有时还需要国家层面的决策规划（王贻芳和白云翔，2020）。我国也已制定针对重大科技基础设施的专门规划，如《国家重大科技基础设施建设中长期规划（2012—2030 年）》《国家重大科技基础设施建设"十三五"规划》。

重大科技基础设施是"大政治、大科学、大组织"的产物，与综合性国家科学中心类似，都体现着国家意志及国家最高层的决策部署。建设综合性国家科学中心是一个从硬件到软件全面系统的配置过程，而重大科技基础设施则是构成创新能力分析框架的重要组成部分，是最关键的硬件构成，是综合性国家科学中心建设运转不可或缺的"核心零部件"。"工欲善其事，必先利其器"，重大科技基础设施的交叉性、基础性、前瞻性、战略性、公共性能够为科技、经济、社会的发展带来"乘数效应"，是产出"从 0 到 1"原创性成果，实现技术突破、经济发展、社会进步和国家安全

① 在中国科学院大科学装置发展战略研究组于 2003 年 6 月编制的《我国大科学装置发展战略研究和政策建议》中，对科学设施的界定和类型做了详细介绍。

的必要条件。中科院国家空间科学中心研究员吴季（2018）曾对100多年来诺贝尔物理学奖的成果来源做过统计：大概1950年以前，只有1项是来自于大科学装置；到1970年以后，就有超过40%是来自于大科学装置；到了1990年以后，该比例已经高达48%。也就是说，大科学装置对科学研究的贡献比重愈发突出。

重大科技基础设施具有明显的"集群效应"。从学科交叉广度和单一学科深度相结合的角度布局大科学装置的集群建设，促进不同类型的大科学装置之间的优势互补，对解决科学问题具有积极作用（张玲玲等，2019）。近年来，我国四大综合性国家科学中心先后以重大科技基础设施集群为依托，实现不同设施之间的互通互联，促进学科间的交叉融合。例如，深圳围绕国家战略需求以及粤港澳大湾区产业发展优势，聚焦信息、生命和新材料领域前沿方向，建设了包括材料基因组大科学装置平台、鹏城云脑Ⅲ、合成生物研究设施、脑解析与脑模拟设施等在内的学科关联、深度合作的重大科技基础设施集群，为实现源头创新与突破技术瓶颈提供了扎实的研究条件。此外，上海张江已形成以上海光源、国家蛋白质科学研究（上海）设施、X射线自由电子激光、超强超短激光装置为核心的综合性国家科学中心重大科技基础设施集群。

重大科技基础设施具有强大的"带动效应"。重大科技基础设施的布局建设，不仅能够提升基础前沿研究水平、探索未知世界、解决人类发展难题，而且可以放大最初的投资效应，突破技术封锁，带动相关产业飞速发展。1990年7月，北京正负电子对撞机（BEPC）的正式验收通过，使我国的高能加速器技术直接跻身国际先进水平；在接下来几十年高效稳定的运行中，我国的高能物理研究突飞猛进，获取了国际上在该领域的最大数据量；另外，在建设BEPC的过程中，高能物理研究所在国内率先实现了计算机的国际联网，进入Internet并引进了万维网页，对我国互联网产业的快速发展起到了重要的辐射带动作用。

重大科技基础设施具有一定的"共享属性"。重大科技基础设施不仅要为本区域开展研发活动提供平台与条件，还应成为合作创新与知识溢出的载体，为来自不同区域的科研人员提供研究平台，提高设施使用效率，降低运营成本，是激发协同创新势能的关键。近年来，国内外重大科技基础设施的开放共享趋势明显。深圳光明科学城目前正在探索制定关于重大科技基础设施的开放共享政策、搭建开放共享管理平台，并以市场化方式统筹组织设施的开放共享。在国外，科技基础设施的开放共享理念起源较早，2013 年 3 月，欧盟委员会在互联网上首次发布了欧盟 800 座可对所有欧洲科研人员开放的大型科研基础设施（RIS）分布图，是欧盟科技资源共享计划的一个重要举措，欧委会希望科研人员今后不再拘泥于本区域现有的科研条件，而是能够最大化共享利用欧洲范围内的大型科研基础设施，加快其对外开放的步伐。①

第四节　环境要素

由前面可知，复杂系统由多个子系统构成并通过子系统间的相互作用实现其自身的发展与演化。若将综合性国家科学中心看作是区域创新系统这一复杂系统下的创新子系统，那么它与外部生态环境之间存在着相互作用协同共生的关系，简言之，综合性国家科学中心的独立运作离不开外部创新生态环境的"滋养"。因此，环境也是综合性国家科学中心组织结构中必不可少的一大要素。具体来讲，环境要素主要包括政策环境、文化环境、制度环境、科技服务环境、城市公共基础设施等。

一、政策环境

从广义上来讲，政策环境一般是指公共政策系统及一切与之相关的因素。具体到本书的语境下，主要是指在一定的政治环境、经济环境以及国际环境下，根据实际情况制定并实施合理的公共政策方案，在推动经济社会发展的同时解决发展过程中所遇到的关键性问题。在公共政策运行过程中，政策环境具有多样性与复杂性、动态性与稳定性、确定性与突发性、

---

① 葛焱、邹晖、周国栋：《国家重大科技基础设施的内涵、特征及建设流程》，载于《中国高校科技》2018 年第 3 期。

主观性与客观性等特点。

　　肩负着推进国家基础研究与创新发展重要使命的综合性国家科学中心，其起源、建设、发展在很大程度上得益于国家及地方的政策支持。在国家层面上，自 2006 年全国科技大会上提出建设创新型国家战略以来，国家围绕科技创新陆续发布多项极具宏观指导性与可操作性的政策规划（见表 1 - 7），主要包括《国家中长期科学和技术发展规划纲要（2006—2020）》《中共中央 国务院关于深化体制机制改革加快实施创新驱动发展战略的若干意见》《国务院关于全面加强基础科学研究的若干意见》《中华人民共和国国民经济和社会发展第十四个五年规划和 2035 年远景目标纲要》等，这些顶层设计站在全球新一轮科技革命和产业变革的高度，以提升综合国力、解决发展难题、强化原始创新为目标，聚焦科技创新中心、综合性国家科学中心、科学城等创新要素高度集聚城市（区域）的布局与规划，国家实验室、科研机构、重大科技基础设施等研究实验基地与大型科学工程设施的建设与发展，基础研究、应用基础研究、前沿交叉研究等面向国家战略需求的研究部署，以及自主创新、协同创新、集成创新、创新扩散等推动社会进步发展的创新模式。通过梳理可知，"综合性国家科学中心"这一名词第一次出现于国家层面的政策文件中，是国家"十三五"规划纲要，而四个综合国家科学中心全部出现于国家层面的政策文件中，则是在国家"十四五"规划纲要中。

　　在部委层面上，国家发展改革委、科技部分别于 2016 年 2 月、2017 年 1 月、2017 年 5 月、2020 年 7 月批复了张江、合肥、怀柔、大湾区综合性国家科学中心的建设方案，同时也围绕原创性科学研究、技术创新的开展以及综合性国家科学中心的建设发布了多项颇具前瞻性、战略性、方向性的政策文件，如《加强"从 0 到 1"基础研究工作方案》《"十三五"国家科技创新基地与条件保障能力建设专项规划》等（具体见表 1 - 7）。与国家层面的政策文件相比，部委层面内容更明晰、方向更精准、举措更细化，但在总体布局方面稍逊一筹。

　　在地方层面上，随着四个综合性国家科学中心建设的如火如荼，地方配套政策也日渐丰富。例如，围绕综合性国家科学中心的创建全方位打造政策支持体系。深圳、东莞近两年相继出台《深圳市建设大湾区综合性国家科学中心先行启动区实施方案（2020—2022 年)》《深圳市人民政府关于支持光明科学城打造世界一流科学城的若干意见》《深圳光明科学城总体发展规划（2020—2035 年)》《关于加快松山湖科学城创新发展的若干政策意见》等指导性文件，全力支持大湾区综合性国家科学中心先行启动区——光明科学城与松山湖科学城的建设。怀柔、张江情况类似，关于综合性国家科学中心的政策大多基于科学城角度，或是站在市级层面将综合性国家科学中心纳入科技创新中心整体布局，并未专门谋划相应政策。

二、文化环境

科技创新不但根植于技术，更根植于文化。作为一种无形的精神力量与观念形态，文化能够传递文明，塑造社会价值体系与道德规范；能够传递情感、将"无情之物"升华为"有情之物"；能够推动与引导技术创新的诞生与进步，将理念与思想转化为物质力量；能够潜移默化地改变一个区域、一座城市、一个国家的"气质"与"灵魂"，其重要性不言而喻。

文化是一个区域实现可持续创新的内在驱动力。创新往往萌芽并根植于特定的文化中，真正具有创新力的区域一定涵养着深厚的文化土壤，历史上创新活跃的时期也一定伴随着文化的繁荣兴盛。文化是技术创新的源泉与根基，从各方面影响着这一经济行为的发展大势与发展速度。正如英国学者贝蒂塔·范·斯塔姆（Bettita Von Stamm，2004）所言："文化既有可能成为科技创新成长的土壤，也有可能成为科技创新枯萎的园地……肥沃的土壤本身不会生长出任何东西，但是如果没有它的话，任何东西都会失去成长的根基"。综合性国家科学中心在构建科技创新体系的进程中，必须要有与之相匹配的创新文化环境作为支撑与保障，研究表明，北京、上海、粤港澳大湾区的文化指标排名都比较靠前（见表 4 - 6）。

表 4 - 6　　　2019 年中国城市文化创意指数十强城市指标分值

排名	城市	创意生态	赋能能力	审美驱动力	创新驱动力	指数
1	北京	14.200	18.746	14.009	15.712	62.666
2	上海	13.629	17.430	13.576	13.839	58.473

续表

排名	城市	创意生态	赋能能力	审美驱动力	创新驱动力	指数
3	深圳	9.390	17.126	15.757	15.272	57.545
4	广州	10.848	21.835	10.187	8.654	51.523
5	杭州	9.621	20.593	10.130	7.081	47.425
6	重庆	10.033	8.480	12.465	7.260	38.238
7	西安	8.317	7.889	13.343	7.086	36.634
8	成都	10.142	8.938	9.526	7.199	35.805
9	东莞	6.689	6.378	12.596	7.607	33.270
10	南京	9.137	5.633	9.382	7.310	31.462

资料来源：根据新华网发布"2019中国城市文化创意指数排行榜"整理。

文化需要具有包容性的品格。从广义上来说，文化的包容性是求同存异、兼收并蓄、博采众长，即儒学创始人孔子所言"君子和而不同"，著名社会学家费孝通先生所主张的"各美其美，美人之美，美美与共，天下大同"。若从狭义上来理解创新文化的包容性，结合现时社会大环境，倡导"鼓励创新、允许试错、宽容失败"的创新文化最契合当下的价值观。创新过程意味着走出一条前人从未涉足的路，途中必然荆棘遍布、险象环生，这就从源头上决定了科研创新的归途大多"九死一生"。因此，如何看待"失败"，考验着整个社会对创新创业这一行为的尊重与支持，只有营造出敢为人先、宽容失败的社会氛围，才更容易推动创新人才放下心理包袱，甩开膀子加油干，充分激活创造力的源头活水。着眼现实，包括综合性国家科学中心在内的一些国内创新高地对科研创新人才的"包容性"仍旧欠缺，对人才的评价依然持有唯论文、唯职称、唯学历、唯奖项的"四唯"倾向，忽略了基础研究人员"十年磨一剑"，可能会面对接踵而来的失败，几年内很难有产出的职业特性。尽管各个地区正在慢慢摒弃急功近利的心态，"破四唯"的呼声日益高涨，改革人才评价方式、建立人才分类评价制度的导向日趋明朗，但还未从根本上扭转这一局面。反观国外的创新高地，他们对"失败"的敬畏与包容值得我们借鉴，例如，美国硅谷"叛逆宽容""拒绝平庸""包罗万象"的文化内核对我们具有重要参考价值。这一世界闻名的高科技产业区具有改变世界的情怀，其开放的生产机构、宽松的法律环境、容忍失败的胸怀以及不尽信权威的态度成就了人才，造就了颠覆式的创新。硅谷的风险投资人尤其青睐失败过三次的创业者，硅谷人工智能研究所创始人皮埃罗·斯加鲁菲（Piero Scaruffi，2015）曾提到，硅谷人对失败有种特别的惊喜，因为这意味着离成功更近了一步。

文化需要具有开放性的品格。自古以来，中国文化一直秉承着"海纳百川"的开放性，不同民族之间、本土与异域之间相互并存、相互借鉴、相互融合，最终形成了上下五千年的中华文明。所以，中国古代文化尽管有其"封建性""封闭性"的一面，但事实上更具"开放性"的一面。鸦片战争后，中国冲破了清代"闭关锁国"的牢笼，之后的戊戌变法、辛亥革命、新文化运动、五四运动等，更是将中国的"开放性"推向了一个新的高度。1978年，我国迈开了改革开放的历史性脚步，中华文明的开放性空前强烈，人民的观点空前多元化，在彻底向世界敞开大门的同时，也为中国带来了翻天覆地的巨变。具体到本章所指的开放性创新文化，一方面是加强四大综合性国家科学中心之间的交流合作，形成区域互动、优势互补、相互促进、共同发展的格局；另一方面是打破制度壁垒、性别偏见，吸纳来自不同国籍、不同地域、不同性别的优秀创新人才进行技术交流，引起思想的相互激荡与文化的相互交融，从而推动一个区域的创新与发展。例如，2021年6月，科技部等十三部门印发《关于支持女性科技人才在科技创新中发挥更大作用的若干措施》，充分发挥了女性科研人员在创新驱动发展中的重要作用。又如，根据国家统计局发布的第七次全国人口普查公报，截至2020年11月1日，广东省居住的港澳台居民和外籍人员数据全国排名第一，高达379281人，说明在这个包含了大湾区综合性国家科学中心等9个城市的创新强省，有着不同肤色、不同母语、不同生长背景的科研创新人才成为国内外强化交流沟通、促进合作共赢的纽带。来自五洲四海的人才之间正式或非正式的交流，打破了地域的阻隔与行业的边界，使得信息、知识、思想、技术等在分享过程中更好、更快地传播，知识溢出效应明显，人才集聚效应突出，极大促进了知识经济的发展，这也是粤港澳大湾区始终保持创新活力的重要源泉。

三、制度环境

制度是创新的"屏障"，任何创新活动都离不开制度的规范与保障，制度环境其实也就是一个社会的营商环境，通过作用于要素配置效率，影响区域经济增长，同时反映区域政府与市场的关系。如今，合理的制度环境不再是科技发展的背景条件，而是实现技术创新不断跃升、源头创新成果迭出不穷、经济社会不断向前、城市"温度"不断提升的关键，这一情况对我国这样的经济转型国家尤为适用。若科技创新活动缺乏有效的制度保障，那么再先进的科技产出也只能"束之高阁"，无法转化为现实生产力。良好的制度环境（营商环境）不仅可以减少经济活动的不确定性、降低技术创新的交易费用，克服技术创新过程中所遇到的障碍，而且可以增强城市的便利度、便捷度，提升个人的尊严感、幸福感。2019 年，科尔尼咨询公司发布《全球城市营商环境指数》①，对全球 45 个国家的 100 座城市进行评价，我国的北京、上海、香港、深圳、广州等城市均位列全球营商环境指数百强城市。

在综合性国家科学中心的建设发展中，制度环境是把"双刃剑"。一方面，僵化的制度环境会捆绑住科技创新前进的步伐。随着社会的发展与生产力的进步，犹如药品会过期，制度也会渐渐地过时，不断会有新制度来取代旧制度，而新旧制度的变迁，其实就是一个制度创新的过程，改革亦同理。"科技创新、制度创新要协同发挥作用，两个轮子一起转"②，因此，制度环境与科研创新在某种程度上犹如上层建筑与经济基础之间的辩证关系，马克思认为，上层建筑必须要适应经济基础发展规律，当两者相悖时，就会抑制生产力发展。同理，制度环境也必须适应科技创新的节奏，当僵化的制度已成为阻挡科技进步的障碍时，制度创新，甚至改革创新就成为必然趋势。另一方面，适宜的制度环境会充分释放科技创新的活力。要加快科技创新的步伐，首先要从制度上做文章。1985～2021 年，国家做出了一系列决策部署推动经济社会发展并突破制约科技创新的制度藩

① 作为投资和营商环境领域的引领者，科尔尼咨询公司发布了首个《全球城市营商环境指数》，对全球 45 个国家的 100 座城市进行评价，综合得出 2019 年全球营商环境指数百强城市。该榜单综合考虑了城市多个指标和要素，如社会、政治、经济和法律等，以及商业活力、创新潜力等 23 个标准。其中，纽约、伦敦、东京、巴黎、旧金山、新加坡等城市稳居世界最佳营商环境城市第一梯队。

② 2016 年 5 月 30 日，中共中央总书记、国家主席习近平在全国科技创新大会、两院院士大会、中国科协第九次全国代表大会上的讲话。

篱。例如，从引入市场机制优化科技资源到建设国家创新体系、布局综合性国家科学中心与区域性创新高地，从冲破计划经济体制的束缚到顺应社会主义市场经济体制运行规律和科技自身发展规律的要求再到如今的构建高质量发展体制机制，适宜的制度环境有力地推动了科技创新，为破解科学难题、提升原始创新能力不断注入了新的活力。

2019 年，北京市印发实施《关于新时代深化科技体制改革加快推进全国科技创新中心建设的若干政策措施》（以下简称"科创 30 条"），部署包括怀柔科学城在内的"三城一区"管理制度创新，在人才制度优化方面，创新了编制使用与薪酬管理机制，不仅扩大了科研事业单位的选人用人自主权，完善了市场化的人才评价机制，而且允许采取协议工资制、项目工资制等不受本单位工资总额和绩效工资总量限制的薪酬发放机制。此外，还提高了科研人员因公出国（境）和来访便利性，建立外籍人才"一站式"综合服务平台并加大外籍人才出入境便利性改革力度，力争通过改革为人才集聚创造良好环境。在深化区域合作交流方面，一方面推动京津冀三地在科技计划合作、高新技术企业资质互认、数据信息共享、公共服务平台共享等领域的政策互通；另一方面完善京港澳科技合作机制，推动重大科技基础设施向全球开放共享，增强区域互通交流，打造国际一流营商环境。

四、科技服务环境

科技服务也被称为"科技第三方"。知识经济背景下，产业的不断分枝与细化极大程度上提速了科技服务业的发展。一般来讲，科技服务业是运用现代科技知识、技术，以及经验、信息等向科技创新活动、科技成果转化、提升科技管理水平与普及科技成品等环节提供服务的新兴产业。既是创新要素有效融入技术创新全过程的关键产业[1]，也是推动产业结构升级优化的重要产业。具体到综合性国家科学中心这一国家创新体系建设重要平台，科技创新活动的进行需要一系列专业性科技服务进行支撑，也就

---

① 王智毓：《我国科技服务业对促进技术创新效应研究——兼析科技服务业在创新要素融入技术创新过程的中介作用》，载于《价格理论与实践》2020 年第 3 期。

是说无论是科技创新活动的各个环节，还是各环节间的有效衔接，都离不开科技服务的辅助与支持。

作为引领现代服务业发展的知识密集型产业，科技服务业目前已成为发达国家的主导产业，是推动其经济社会发展的关键力量。与此同时，科技服务业在我国还是一个年轻的产业，在发展中仍存在着技术整合能力较弱、企业"小、散、弱"问题突出、盈利能力与管理水平相对滞后等问题，但随着对科技成果转化、知识产权保护等问题的愈发重视，我国的科技服务业必将稳步崛起，并成为实现经济跨越式发展的一个重要支撑点。

根据《国务院关于加快科技服务业发展的若干意见》，我国重点发展的科技服务主要包括研究开发、技术转移、检验检测认证、创业孵化、知识产权、科技咨询、科技金融、科学技术普及等领域。[①] 具体到综合性国家科学中心，科技服务的服务功能重点体现于以下几方面。一是知识产权服务。知识产权是为创新人才保驾护航、为原始创新提供动力、为科技成果有效转化提供保障的基本制度。完善知识产权法律法规，建立高水平知识产权专业服务体系，强化知识产权的创造、保护、运用服务，是高质量建设综合性国家科学中心的重要保障。二是技术转移转化服务。国务院于2016年、2017年先后印发了《促进科技成果转移转化行动方案》《国家技术转移体系建设方案》等顶层设计，明确提出技术转移转化是落实创新驱动发展的重要任务。技术转移转化主要包括科技成果转化、创新需求解决、技术转移三方面内容。[②] 其中科技成果转化是对科研机构产出的具有实用价值的研究成果进行中试、开发、应用、推广，最终形成新产品、发展新产业；创新需求解决即"创新=需求+解决"，主要是为破解企业转型发展中遇到的"卡脖子"困境，寻求以技术创新攻关解决难题、实现突围，以更好地将研究成果转化为现实生产力；技术转移是将技术成果在国家、区域、行业、企业内部或之间以及技术自身系统内部进行从供给方向需求方转移的过程，增加了双方或多方之间非正式合作的概率。作为一种目的明确的主体交互行为，技术转移目前已成为帮助创新主体获取外部知

---

① 国务院：《国务院关于加快科技服务业发展的若干意见》，中华人民共和国中央人民政府门户网站，2014年10月28日。

② 夏东平：《辩识"技术转移"和"成果转化"》，载于《华东科技》2017年第1期。

识技术、加速创新扩散的重要途径。三是科技中介服务。科技中介服务是为促进科技进步和提升科技管理水平提供各种中介服务的所有组织或机构的总和①。本书认为，科技中介服务机构主要包括中介机构、咨询机构、金融机构三类。其中，科技中介机构主要为创新主体提供对接人才、信息、技术、资金等要素的服务，促进以上创新要素在供需双方间进行高效扩散与应用，发挥着链接各个创新节点的桥梁作用；科技咨询服务机构旨在为创新主体提供决策咨询、管理咨询、法律咨询、政策咨询等专业服务，为创新活动的精准定位和高效开展提出专业性意见建议，发挥着"指南针"的作用；科技金融服务机构则通过股权投资、引荐战略投资伙伴等方式为企业、人才开展创新创业活动提供资金支持，使其实现从"知本"向"资本"的跨越。四是创新创业服务。包括加强创新创业孵化基地建设，定期举办创新创业大赛，搭建"创业导师"服务平台，建立众创、众包、众扶、众筹等"双创"支持平台，加强国际交流合作等，旨在激发活力、优化环境、营造深层次的"大众创业、万众创新"的良好氛围。

作为"国家知识产权示范园区"的张江综合性国家科学中心，无论是知识产权政策保障，还是公共服务体系建设均已比较完备，极大地提高了张江的创新活动效率。例如，2015年国家知识产权局专利检索中心在张江设立分支机构，为企业提供了便捷的维权通道；2017年，设立了中国（浦东）知识产权保护中心，为单位及人才免费提供专利保护咨询；2018年印发《上海市张江科学城专项发展资金支持知识产权发展实施细则》，从海外专利布局、知识产权运营、知识产权管理体系、提升版权运用保护能力几方面引导科学城内企事业单位积极开展科技创新，增强其知识产权创造、运用、保护及管理意识。2020年，中国（上海）知识产权维权援助中心在张江建立知识产权维权援助工作站，其有利于园区和企业得到及时有效的知识产权维权援助。这些举措不仅提升了对技术成果的"保护力"，净化了知识产权环境，而且极大地优化了张江综合性国家科学中心的科技创新服务环境。

① 程梅青、杨冬梅、李春成：《天津市科技服务业的现状及发展对策》，载于《中国科技论坛》2003年第3期。

五、城市公共基础设施

城市的生存与发展、经济的创新与增长、人民的安居与乐业，无一不以城市公共基础设施为支撑。按传统分类，城市公共基础设施主要包括生产基础设施与社会基础设施两大类，其中，生产基础设施是指服务于生产部门的供水、供电、邮电通信、绿化等；社会基础设施则是指服务于居民的各种机构和设施，如国防、能源、教育、住房、医疗、道路交通、商业配套、文化和体育设施等。如今，在社会可持续发展的使命与责任下，为了破解资源缺乏、交通拥堵等"城市病"带来的窘境，建设智慧城市已成为未来城市的发展趋势，它通过对互联网、云计算、地理空间等新一代信息技术的运用，立足于实现城市的信息化建设与提高公共基础设施的智能化水平。

完善的公共基础设施会加速经济发展、吸引人才落地生根、提升居民幸福指数。第一，公共基础设施一般来说属于"公共物品"或"准公共物品"，具有完全或有限的非竞争性与非排他性。公共物品可免费提供给全社会的人共同享有，而不能将其归属于具体的个人、家庭或企业，如路灯、国防、治安等；准公共物品则具有局部的竞争性与排他性，即超过一定的临界点后，消费者每增加一人，将减少原有消费者的效用，"拥挤"就会出现，如交通、住房、教育医疗资源等。第二，公共基础设施具有较强的外部性。公共基础设施所提供的服务有利于生产活动的开展，并且是其得以开展的基础。例如，道路交通基础设施的健全会推动人口与产业在空间上的集聚，产生一定的规模经济效应，并进一步降低企业生产成本与交易成本。这种集聚效应也会促使公共基础设施降低单位服务成本，提升使用效率，有助于设施本身的演进。第三，公共基础设施会促进科技创新。一方面目前大多公共基础设施本身就是技术含量极高的大项目，如高铁、智能交通系统等，因此自然会带动相关领域的发展与技术革新；另一方面发达的公共基础设施体系会加快集聚高端人才，若事业发展平台可以使人才"乐业"，那公共基础设施绝对是让人才"安居"的不二保障，大量高端人才的集聚也必然会带来创新精神的蔓延，使一个区域焕发出勃勃生机。

综合性国家科学中心需要先进的公共基础设施作为支撑。张江综合性国家科学中心之所以能吸引越来越多的新兴产业入驻，一定程度上源于其高效的能源基础设施支撑模式。一是通过开设"供电配套"窗口，为企业提供电力接入、用电咨询、增值税发票预约等多种服务，让企业"不跑腿"就可办妥用电业务；二是打造智慧城市能源云平台，通过大数据收集分析、甄别有效信息、精准定位客户需求等手段，针对性地为企业提供最优质的服务；三是通过智慧城市能源云平台，实时采集企业的水、电、气等各类用能信息并对其进行全面监控与管理，不仅能够帮助政府全面掌握区域产业动态化调整信息，而且有助于企业降低生产成本、提升能源利用率。这些都将对张江综合性国家科学中心吸引顶级科研机构与核心技术企业起到举足轻重的作用。

第五章

四大综合性国家科学中心现状分析

本章将从发展历程、经济基础、产业结构、科技创新、制度环境、城市公共基础设施等多个维度出发，采用翔实的资料、数据、信息依次对张江、合肥、怀柔、大湾区这四个综合性国家科学中心的发展现状进行细致阐述与剖析，为本书之后的比较研究、路径思考进一步夯实基础。

第一节 上海张江综合性国家科学中心

作为浦东开发开放的先行者与使命担当，张江在近 30 年的发展历程中，从阡陌农田到高新技术产业开发区再到如今的科技创新沃土，经历了不断地更新与升级迭代，如今更是被国家委以建设综合性国家科学中心的重任，这一重磅任务标志着张江不仅是上海科技创新的标杆，肩负着上海建设具有全球影响力的科技创新中心的重任，而且在更高层次上承载着代表国家参与全球科技竞争与合作的职责与使命。

一、发展历程

张江的发展及演变历经三个重要阶段，同时也转变过三种不同的身份与发展思维。第一个发展阶段是张江高科技园区。1992 年 7 月，国务院批准浦东张江为独立建制的国家级重点高新技术开发区，张江不仅成为继陆家嘴、外高桥、金桥之后的浦东四大开发区之一，也实现了从农村向高科技园区的跨越升级。作为我国第一批国家级高新技术园区，其初期规划总面积 17 平方千米，大致划分为技术创新、高新技术产业、科研教育、住宅等功能区域，园区运作开发主体为上海张江（集团）有限公司，兼具开发公司职能与园区管委会职能，属"政企合一"的开发模式。

第二个发展阶段是国家自主创新示范区。1999 年，上海市委、市政府正式提出实施"聚焦张江"战略，举全市之力在布局、产业及项目、政策等方面向张江集中，致力于以张江为核心，从"模仿创新"走向"自主创新"。2001 年 7 月，上海市政府发布《上海市促进张江高科技园区发展的若干规定》，提出园区重点扶持生物医药、信息等高新技术产业，并将园区开发建设主体变更为上海市政府成立的张江高科技园区领导小组及其办公室[①]。2007 年 5 月，张江高科技园区进入功能区管理体制时期，园区开发建设主体变更为张江高科技园区管理委员会，作为区政府派出机构。这一时期，中国科学院上海药物研究所、GE 中国研究开发中心、中国商飞上海飞机设计研究院等大批创新载体在张江高科技园区落地生根。2011 年 1 月，国务院批复同意支持上海张江高新技术产业开发区建设国家自主创新示范区，"张江"概念从"小张江"延展至"大张江"，并成为上海科技创新的代名词。作为第一个国家级示范区，张江国家自主创新示范区在张江高新技术产业开发区的基础上进一步扩大规模，形成了包括张江核心园、闸北园、青浦园、嘉定园、金桥园等 22 个科技创新资源集聚园区在内的"一区 22 园"发展格局（"大张江"发展格局），这些园区分布于上海市 16 个行政区，总面积约 531 平方千米。因此，张江国家自主创新示范区在一定程度上构建了全市统一的创新联动机制，形成了全市共同建设科技创新中心的强大合力，为上海实施创新驱动发展战略，建设国际科技创新中心提供了强劲的引擎与支撑。

第三个发展阶段是综合性国家科学中心。2016 年 2 月，国家发展改革委、科技部批复同意建设张江综合性国家科学中心，作为我国第一个经两

---

① 上海市政府：《上海市促进张江高科技园区发展的若干规定》，上海市人民政府门户网站，2001 年 6 月 25 日。

部委批复的综合性国家科学中心，张江被国家层面赋予了提升中国原始创新水平、代表中国参与全球竞争的战略任务，开始了从"自主创新"走向"引领创新"的新征程，张江的发展目标与规划格局，已不再局限于浦东和上海，而是延伸至全国乃至全球。2017 年 8 月，《张江科学城建设规划》由上海市政府正式批复，作为张江综合性国家科学中心的核心承载区，张江科学城进一步聚焦世界前沿科技，前瞻布局生物医药、信息技术、文化创意等重点产业，着力从过去的高科技"园区"向拥有科研成果、高端业态以及生活配套保障的"城区"转型升级。2018 年 4 月，上海市委、市政府批复将上海张江综合性国家科学中心办公室、上海市张江高新技术产业开发区管理委员会、上海市张江科学城建设管理办公室、中国（上海）自由贸易试验区管理委员会张江管理局四个机构进行职能整合，重组为上海推进科技创新中心建设办公室，为上海市人民政府派出机构，这一举措证明张江俨然已成为上海推进科技创新中心建设的绝对主力，拥有无可替代的关键作用。2020 年 1 月，《上海市推进科技创新中心建设条例》颁布，明确要将张江综合性国家科学中心建设成为国家科技创新体系的重要基础平台，为科技、产业发展提供源头创新支撑。2021 年 7 月，《中共中央 国务院关于支持浦东新区高水平改革开放 打造社会主义现代化建设引领区的意见》（以下简称《意见》）出台，《意见》强调，要面向世界科技前沿以及国家重大需求，加快建设张江综合性国家科学中心，加强基础研究和应用基础研究，加速关键技术研发，再一次明晰了张江综合性国家科学中心的职责与担当。紧接着，《上海市张江科学城发展"十四五"规划》与《浦东新区推进张江科学城创新发展实施意见》（简称"张江 20 条"）等重要文件先后出炉，浦东、张江第一时间对《意见》所部署的重大任务给予回应、细化以及推进，张江科学城规划面积也由 95 平方千米扩大至约 220 平方千米。

综上所述，张江综合性国家科学中心、张江科学城、张江自主创新示范区都是上海建设具有全球影响力的国际科技创新中心的重要阵地，集聚了上海最多、最优质的创新资源，代表着上海的核心竞争力。其中，张江综合性国家科学中心是上海科创中心建设的关键举措与强大引擎，这一概念更多地代表着科学能力，增强源头创新能力，积极布局国家实验室、高水平科研机构以及重大科技基础设施等，这些都是张江综合性国家科学中心建设的重要内容。张江科学城是张江高科技园区的前身，是建设张江综合性国家科学中心的核心承载区，也是建设张江自主创新示范区的核心区，承载着打造区域创新增长极以及建设张江综合性国家科学中心的战略任务。张江自主创新示范区则分布于上海各区，与前两者共同享受相关政策措施，共同致力于打响张江品牌，是引领上海经济高质量发展的主力。总之，三者唇齿相依、共荣发展，有着合力助推上海科创中心建设的共同目标。

二、经济基础与产业结构

GDP（国内生产总值）作为衡量一个国家或地区经济状况和发展水平的基础性指标，是学术研究中评价经济繁荣程度的首要工具。本书将以2015～2019年张江高科技园区GDP总额变化及其GDP总额占上海市GDP总额的比例这两个指标来衡量张江综合性国家科学中心的经济基础与实力。

如图5-1所示，两项指标变动均呈稳定上扬态势，且在近5年间，张

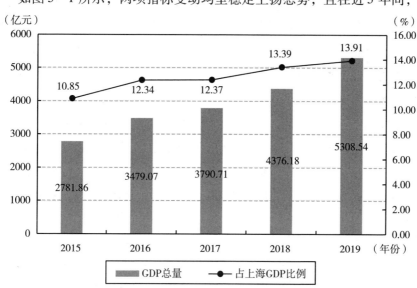

图5-1 2015～2019年张江GDP总额及占上海市GDP比重变动情况

资料来源：张江高科技园区GDP数据来源于历年《上海浦东新区统计年鉴》，为工业总产值，信息传输、计算机服务和软件业营业收入，文化产业营业收入之和；上海市GDP来源于历年《上海统计年鉴》。

江 GDP 占上海市 GDP 平均比重达到将近 13%，但张江科学城面积仅占上海市总面积约 1.5%，因此，这些数据可以反映出张江的经济潜力足、经济集中度高，在一定程度上带动着上海市的经济增长。

在产业结构方面，近年来，张江综合性国家科学中心已形成以集成电路、生物医药、人工智能、信息软件、文化创意等第二、第三产业为重点的现代化产业体系，并取得了令人瞩目的成效。在集成电路产业领域，作为集成电路产业的一面旗帜，张江目前已构建了国内最为完善的产业链布局以及最具影响力的产业集群，不仅拥有上海集成电路研发中心、上海集成电路技术与产业促进中心、复旦微电子研究院等研究机构，国家"芯火"双创平台（张江）基地等创新创业平台，上海集成电路设计产业园等园区，而且拥有中芯国际、上海华虹、中微半导体、锐迪科微电子、韦尔股份、展讯通信等行业标志企业，是我国的集成电路产业发展重镇。在人工智能产业领域，张江致力于疏通我国人工智能技术发展过程中遇到的"中梗阻"难题，近年来集聚了处于产业链不同环节的拥有核心技术的企业，如燧原科技、肇观信息等芯片企业，钛米机器人、小蚁科技、聚虹光电等产品类企业以及叮咚买菜等应用类程序，建立了张江机器人谷与张江人工智能岛，并吸引了通用电气、霍尼韦尔、IBM、微软、阿里、英飞凌、百度等国内外巨头企业研发中心纷纷入驻，已成为我国最具代表性的人工智能产业集聚区之一。在文化创意产业领域，张江文化创意产业园区是首批国家文化产业示范基地、首家国家级数字出版基地以及国家唯一科技型"国家级文化产业示范园区"，目前已形成数字出版、动漫影视、文化装备、数字创意技术四大产业集群发展格局，实现了文化赋能与科技创新的深度融合，凝聚了 Bilibili、阅文集团、河马动画、PPTV、喜马拉雅 FM 等一批闻名国内外的文化标杆企业及 App 程序，产业链条完整，集群效应凸显，是国家文化创意产业发展的"领跑者"与先行先试"试验田"。张江科学城"十四五"规划提出，接下来的五年张江将继续围绕集成电路、生物医药、人工智能三大主导产业持续发力，同时大力培育数字经济、信息技术服务业、机器人及智能装备三大优势产业，前瞻布局量子信息、基因技术、航空航天、能源与环境等未来产业，持续优化产业结构，加速构建"3 + 3 + X"高端产业体系。

三、科技创新

纽约、伦敦、东京、巴黎等世界一线城市的发展历史证明，首先是科创中心，其次是产业中心与金融中心，所以，科技创新对区域发展具有至关重要的作用。评价一个国家或地区的科技创新能力，一般是从创新产出与创新投入两个维度来展开。创新产出的衡量指标包括专利授权量、新产品销售占比、科研论文等；创新投入的衡量指标则主要包括研发经费、科研机构、高新技术企业、研发人员等。由于数据可获得性的原因，部分数据笔者难以搜集，据此，本章仅使用专利授权量、科研机构、高新技术企业数量等指标来测度张江综合性国家科学中心的科技创新实力。

（一）专利

科技的发展往往伴随着专利的诞生。专利是受法律保护的创新成果，具有申请难度大、技术含量高、保护时间长、权利相对稳定等特征，包括发明、实用新型和外观设计三种类型。一般来说，企业提交的专利申请并不是都可以被有效授权，所以通常情况下，专利授权量才是反映创新活动产出与效率的重要指标，是衡量区域科技创新能力的重要依据。如图 5-2 所示，张江专利授权量由 2015 年的 4206 件增长至 2019 年的 6512 件，5 年间增幅达到 54.83%，其中 2017 年专利授权量同比增长率高达 19.50%，为近 5 年最高，而 2019 年则由高速增长转为平缓增长，同比增长率仅为 1.07%。同样的，张江专利授权量占上海市专利授权总量比重也于 2017 年达到峰值，之后持续两年下跌，2019 年跌至 6.47%，为近 5 年最低。其原因大致在于张江的专利创造理念已由数量取胜向质量提高转变，以及上海市其他区域科技创新水平的不断提升。

（二）科研机构

由前面的论述中已知，科研机构主要包括高校、科研院所及实验室等创新研发平台。作为上海科技创新资源最密集、科技创新主体最多元的区域创新极，近年来，张江积极引进、建设一流科研机构，聚焦创新链顶端

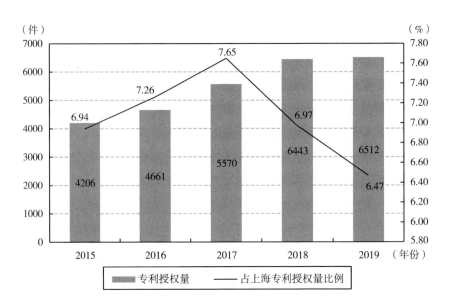

**图 5 − 2 2015～2019 年张江高科技园区专利授权量
以及占上海市专利授权量比重变动情况**

资料来源：张江高科技园区专利授权量数据来源于历年《上海浦东新区统计年鉴》；上海市专利授权量数据来源于历年《上海统计年鉴》。

的原始创新策源能力，抢占前沿科技制高点，为综合性国家科学中心建设提供澎湃动力。其一，上海是我国高等教育的高地，拥有众多双一流高校，但由于历史因素及优质资源布局"力场"向心力等原因，复旦大学、上海交通大学、同济大学、华东师范大学、华东理工大学、上海财经大学等顶级高校（主校区）主要分布于老城区，如复旦大学、同济大学、上海财经大学位于杨浦区，上海交通大学、上海理工大学位于徐汇区，导致张江本地顶尖人才培养力度不足，大多靠外部"输血"。因此，张江在建设综合性国家科学中心的过程中聚焦高水平研究型大学以及重点学科的集聚发展，目前已形成了包括上海科技大学、复旦大学（张江校区）、上海交通大学（张江校区）、上海中医药大学、中国美术学院上海设计学院、杜兰—张江国际商学院等优秀高校在内的高校"集结地"，以优化资源配置，解决科技创新资源稀缺性问题。其二，张江综合性国家科学中心成为目前上海创新资源最集中区域的重要表现之一就是其星罗棋布的科研院所，清华大学、复旦大学、上海交通大学、同济大学、浙江大学等一批重点高校先后在张江布局重点领域新型研发机构，中国科学院上海各研究院、中国航空研究院上海分院、上海量子科学研究中心、脑科学与类脑研究中心、李政道研究所、朱光亚战略科技研究院、中国科技大学、上海研究院等一系列高水平研发机构已落地张江并快速发展，由科研机构部署管理的上海光源二期等重大科技基础设施也已达到 8 个，① 产学研合作愈发密切，科学特征愈发明显。

（三）企业

当前，我国的科技创新领域主要有三大主体，除了上一节提到的高校与科研院所之外，企业自身研发机构也是其中之一，产学研良性高效互动就是指这三大主体之间的互动，科研新格局的构建也离不开三大主体的多方参与。如果说基础研究与应用基础研究的主体是科研机构，那么在应用研究与开发研究阶段，企业既是"创新主体"，也是"创新主力"。作为不同研究阶段的"主角"，科研机构与企业的联系在于衔接贯通不同阶段，打通科研成果转化"最后一公里"。

如图 5-3 所示，2015~2019 年张江经认定的高新技术企业由 679 家扩大至 1092 家，其间数量逐年递增并实现总量翻倍。同比增长率则大体呈 U 形变化，2016 年、2017 年增速放缓，不足 10%，2019 年增幅最高，达到 18.32%。此外，截至 2020 年底，在全国科创板上市的 215 家企业中上海企业有 37 家，其中张江就有 32 家，占全国将近 15%。② 快速增长的技术密集型经济实体为张江科技实力的大幅跃升与经济高质量发展提供了强有力的支撑。

四、制度环境

科技创新与制度创新是分不开的。一个社会技术进步与生产力发展步伐的快慢，主要取决于该社会的制度安排在多大程度能吸引并留住人

---

① 《上海市张江科学城发展"十四五"规划》。
② 根据 2021 年 3 月 30 日上海市委常委、副市长吴清在上海市政府新闻发布会上介绍有关张江国家自主创新示范区成立十年来的建设发展情况整理。

综合性国家科学中心差异化协同发展研究

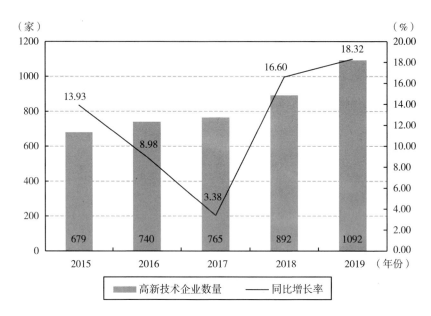

图 5 - 3　2015 ~ 2019 年张江高科技园区经认定高新技术
企业数量以及同比增长率

资料来源：历年《上海浦东新区统计年鉴》。

才。当好改革开放排头兵，打破制度瓶颈，系统推进全面创新改革试验，优化创新创业生态，是国家赋予张江综合性国家科学中心的使命与任务。近年来，张江综合性国家科学中心充分发挥先行先试作用，形成一批可复制可推广的创新改革经验并陆续转化为制度安排。例如，2021 年出台《浦东新区推进张江科学城创新发展实施意见》，从打造创新策源新引擎、引领核心技术新突破、发展高端产业新集群、激发创新主体新动能、构筑创新人才新高地、优化创新生态新环境、打造宜居宜业新城区七方面提供促进张江科学城创新发展的制度保障；如积极承接市区两级行政审批权限的下放，探索"能放尽放，充分授权"和"张江事，张江办结"；如在全国范围内率先实施研发费用加计扣除、职工教育经费税前扣除、技术转让所得税减免、创业投资企业税收抵扣等创新政策，降低研发成本；如以集成电路龙头企业紫光展锐为试点，探索优化企业员工持股平台落户激励政策；比如深化大中小企业融通发展，打造大中小企业融通发展联盟。

五、城市公共基础设施

城市公共基础设施是科技创新的重要支撑，也是人才最为关注的重要因素之一。其一，一个城市要实现要素高速流动与科技进步，首先要有宜人的交通基础设施。张江科学城位于浦东新区中部南北创新走廊与上海东西城市发展主轴的交汇节点，毗邻浦东国际机场与上海内环线，轨道交通2号线、11号线、13号线、16号线、18号线、21号线与机场联络线形成了顺畅方便的交通网络。为有效促进城市品质与功能的提升，进一步帮助"职住分离"的人群提高通勤效率，张江科学城近年来加快交通重大项目建设，有效推动龙东高架路主线竣工并通车，周邓快速路规划建设，13号线（张江段）投入使用，机场联络线（张江站）启动建设。其二，教育、医疗是最大的民生，也是人才除了事业平台之外最为关切的事情。在教育领域，张江拥有华师大二附中、上海中学分校、上海科技大学附属学校、上海外国语大学附属浦东外国语学校等优质基础教育资源，复旦大学（张江校区）、上海交通大学（张江校区）、上海中医药大学、中国科学院上海各研究院等高等教育及科研资源，并且设立了"张江青少年国际科创教育中心"，开展科技创新人才培养试点。在医疗领域，上海市质子重离子医院、上海国际医学中心、国家儿童医学中心（上海院区）、上海市肿瘤医院东院等重点医院已投用或正在建设中，医疗资源布局日益优化。其三，为人才创新创业提供安居保障，才能真正地提升城市竞争力。目前张江已投入建设以科创为特色，以共享生态为理念，集创业工作、生活学习和休闲娱乐为一体的国际社区人才公寓，旨在为急需紧缺的全球顶级科学家、战略科技人才及科技领军人才等提供舒适的居住环境。

第二节　安徽合肥综合性国家科学中心

综合性科学中心花落合肥，使合肥这座低调的城市在科技领域的"国家行动"中占据一席之地，是国家促进中部地区崛起的重要战略，也是合肥近年来的科技创新实力与成果厚积薄发后的水到渠成。合肥综合性国家科学中心的建设，不仅是合肥稳固长三角副中心地位的依托与基础性保障，也是安徽省落实创新驱动发展战略，建设创新型安徽的重要支撑，更是建设科技强国，实现自立自强，代表国家在更高层次上参与全球科技竞争与合作的有力抓手。

一、发展历程

回头看合肥孜孜不倦的科技创新探索之路，同样历经了三个重要阶段。第一阶段是 20 世纪中期至 2000 年，代表性事件是 1970 年初中国科学技术大学迁至合肥。此后在国家着力优化调整科研机构布局的背景下，中科院合肥分院以及中国电子科技集团公司第三十八研究所、第十六研究所、第四十三研究所等一大批科技创新资源陆续迁至合肥，合肥也于 1999 年与北京、成都、西安一起成为我国的"四大科教基地"。

第二阶段是 2001 ~ 2015 年。在这一阶段，合肥更是铆足干劲，加速科技创新前进步伐。2004 年 11 月 12 日，科技部正式批复合肥国家科技创新型试点市实施方案，标志着合肥成为全国第一个"国家科技创新型试点市"。2008 年 10 月 14 日，安徽省委、省政府印发《中共安徽省委、安徽省人民政府关于合芜蚌自主创新综合配套改革试验区的实施意见（试行）》，决定启动建设合芜蚌自主创新综合配套改革试验区，努力探索推进自主创新的途径与体制机制。2010 年 1 月 6 日，包括合肥在内的 16 个城市成为继深圳之后的第二批国家创新型城市试点，目的在于形成若干区域创新增长极，服务于创新型国家的建设目标。2012 年 8 月 2 日，安徽省与中科院合作、合肥市与中科大共建的中国科学技术大学先进技术研究院在合肥开工建设，这也是合肥首个新型协同创新平台。2015 年 9 月 7 日，中共中央办公厅、国务院办公厅印发《关于在部分区域系统推进全面创新改革试验的总体方案》，明确提出"安徽依托合（肥）芜（湖）蚌（埠）开展先行先试"，合肥因此又增加了"国家系统推进全面创新改革试验区域"这一新的身份。

第三阶段是 2016 年至今。在这一阶段，合肥作为创新型城市的地位进一步提升，一跃跻身成为代表我国参与国际科技竞争的四大综合性平台之一。2016 年 6 月 16 日，国务院正式批复同意合芜蚌国家高新区建设国家自主创新示范区，合肥完成了又一次的华丽升级。2017 年 1 月 10 日，国家发展改革委和科技部联合批复了合肥综合性国家科学中心建设方案，合肥成为继上海张江之后国家正式批准建设的第二个综合性国家科学中心，这标志着合肥在国家创新版图中已拥有核心席位。至此，合肥已成为全国唯一一个集综合性国家科学中心、国家自主创新示范区、国家创新型城市试点、国家系统推进全面创新改革试验区域四大国家级创新头衔于一身的城市。2017 年 2 月 27 日，合肥综合性国家科学中心暨量子信息与量子科技创新研究院建设动员大会在合肥高新区举行，标志着合肥综合性国家科学中心正式启动建设。2017 年 9 月 7 日，安徽省委、省政府联合中科院共同制定出台《合肥综合性国家科学中心实施方案（2017—2020 年）》，确立了"2 + 8 + N + 3"① 的多层次创新体系与建设路径，这一举措进一步将建设综合性国家科学中心的"美好愿景"付诸实际行动。2018 年 10 月 9 日，作为合肥综合性国家科学中心核心承载区的滨湖科学城正式挂牌，其规划面积 491 平方千米，是"国家实验室和合肥综合性国家科学中心的重要载体和形象展示窗口"，发展定位是打造成为科研要素更集聚、技术创新更活跃、生活服务更完善、生态环境更优美的世界一流科学城，用"合肥模式"破解科技成果转化难题。2019 年 8 月 8 日，《合肥滨湖科学城总体规划（2018—2035 年）》编制完成。

二、经济基础与产业结构

经济实力是反映区域发展情况最基本的维度。对合肥经济实力的分析，若与安徽省内其他城市比较，则有失公允，为使分析结果更客观、更

---

① 2：争创量子信息科学国家实验室，积极争取新能源国家实验室；8：新建聚变堆主机关键系统综合研究设施、合肥先进光源（HALS）及先进光源集群规划建设等 5 个大科学装置，提升拓展现有的全超导托卡马克等 3 个大科学装置性能；N：依托大科学装置集群，建设合肥微尺度物质科学国家科学中心、人工智能、离子医学中心等一批交叉前沿研究平台和产业创新转化平台，推动大科学装置集群和前沿研究的深度融合；3：指建设中国科学技术大学、合肥工业大学、安徽大学 3 个"双一流"大学和学科。

具说服力，本书特选取与合肥情况类似的武汉、西安等中部省会城市以及南京、杭州、苏州等长三角城市进行对比研判。如表 5 - 1 所示，合肥的GDP 尽管涨幅较快，但总量在 6 座城市中一直处于较低水平，其中武汉、苏州 GDP 甚至长年达到合肥的一倍甚至更多。经济体量的一度不理想，究其原因可能与历史因素、地理位置、产业结构、缺少龙头企业等都有一定的关系。总之，合肥在科教领域的实力尽管无可辩驳，但是若没有相应的经济基础作为支撑，同样会存在一定的发展局限性，导致城市发展缓慢，竞争力不强。

表 5 - 1　　　　　合肥、武汉等 6 个城市 GDP 变动情况　　　　　单位：亿元

城市	2015 年	2016 年	2017 年	2018 年	2019 年
合肥	5830.95	6274.38	7003.05	8605.13	9409.40
武汉	10905.6	11912.61	13410.34	14847.29	16223.21
长沙	8510.13	9356.91	10210.13	11003.41	11574.22
南京	10015.73	10819.14	11894.00	13009.17	14030.15
杭州	10050.21	11313.72	12603.36	13509.15	15373.05
苏州	14468.68	15445.26	16997.47	18263.48	19235.80

资料来源：历年《安徽统计年鉴》《湖北统计年鉴》《湖南统计年鉴》《江苏统计年鉴》《浙江统计年鉴》。

　　从历年合肥三次产业构成来看，从 2015 年的 4.7∶52.6∶42.7 调整为 2019 年的 3.1∶36.3∶60.6，第三产业比重逐年上升并渐渐超过第二产业，实现了由"工业立市"向更高层次的跃升。其间转折点在 2018 年，这一年第三产业总值首次超过第二产业，比重也首次突破 50%，实现了从"二三一"向"三二一"的历史性转变[1]。可见合肥的产业结构优化升级较为滞后，尚未形成较为成熟的经济体系，高质量发展之路任重道远。从产业分布情况来看，合肥综合性国家科学中心聚焦集成电路、新一代信息技术、生物医药、人工智能、新能源汽车暨智能网联汽车、高端医疗装备、光伏及新能源、量子产业、创意文化等重点产业发展，注重推行"链长制"，促进产业链上下游的协同发展。

----

　　① 历年《安徽统计年鉴》。

三、科技创新

作为以往的"科教之城"，如今的"创新高地"，合肥具有强大的科技创新硬实力，无论是在创新产出还是创新投入方面，都取得了较好的成效。

（一）专利

如图5-4所示，合肥专利申请授权量由2015年的17070件逐年递增至2019年的30245件，增幅高达77.18%，其中2018年同比增长率达到32.46%，为近5年最高。此外，合肥专利申请授权量占安徽省16市专利申请授权总量比重大约为1/3，并于2017年达到最高值36.88%，其后两年稍有回落，但差距较小。这说明合肥作为省会城市，在技术创新、知识产权创造等方面占据绝对优势。

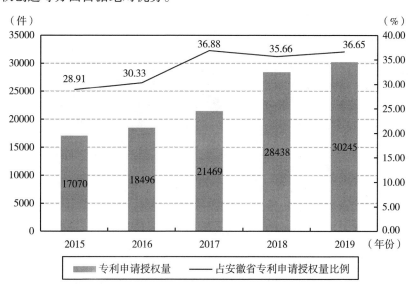

图5-4　2015~2019年合肥专利申请授权量以及
占安徽省专利申请授权量比重变动情况

资料来源：历年《安徽统计年鉴》。

（二）研发投入

诺贝尔经济学奖得主保罗·罗默（Paul M. Romer，2018）在其长期探索的内生经济增长理论中强调，知识和技术创新是促进经济增长的动力源泉，而对知识与技术创新的大力投入则是推动经济长期增长的核心要素。因此，R&D 经费投入与人员投入是开展技术创新工作的动能与保障。一个区域的 R&D 投入强度越高，说明对科技创新工作越为重视，其科技水平与能力也越为强大。2015～2019 年，合肥综合性国家科学中心的 R&D 经费投入与 R&D 人员投入两项数据均呈持续增长之势，其中 R&D 经费投入年均增长率在 14% 左右，R&D 人员投入年均增长率在 8% 左右。此外，近5 年的 R&D 强度（R&D 经费投入/GDP）一直保持在 3% 左右，鉴于目前世界主要发达国家的 R&D 强度也处于 3% 左右，因此上述数据说明合肥近年来愈发重视 R&D 投入对科技实力与经济增长的重要性，R&D 投入的不断加大使得科技含量不断增加，创新活力不断增强，创新优势愈发明显（见图 5-5）。

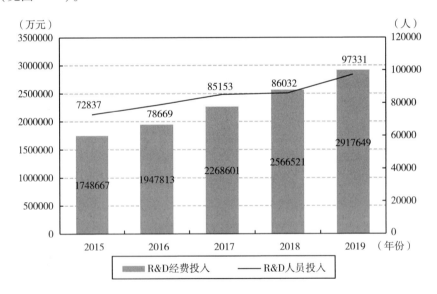

图 5-5 2015～2019 年合肥研发经费及研发人员投入变动情况

资料来源：历年《安徽统计年鉴》。

（三）科研机构

合肥是我国第一个"国家科技创新型试点市"，又是我国四大科教城市之一，拥有的科研机构自然不遑枚举。尤其是自合肥综合性国家科学中心获批建设以来，更是面向世界科技前沿与国家重大战略需求，在信息、能源、生命、环境等战略领域加快布局科研力量，已成为代表国家参与全球科技竞争与合作的重要力量之一。

在实验室建设方面，合肥是"国之重器"的"集大成者"。目前，合肥综合性国家科学中心不仅拥有国家同步辐射实验室、合肥国家实验室，还拥有中国科学院核探测与核电子学国家重点实验室、火灾科学国家重点实验室，建筑健康监测及灾害预防技术国家地方联合工程实验室、语音及语音信息处理国家工程实验室，以及磁约束聚变安徽省实验室、先进光子科学技术安徽省实验室、强磁场安徽省实验室、微尺度物质科学安徽省实验室等省级实验室，中国科学院结构分析重点实验室、中国科学院结构生物学重点实验室等各类实验室，数量达到 150 余个，科研实力不容小觑。

在高校及科研院所建设方面，首先，合肥是当之无愧的高等教育资源集聚地，其高校数量多达 54 所，学科门类涵盖齐全，中国科学技术大学、合肥工业大学、安徽大学三个"双一流"大学和学科坐落于此。其次，合肥的科研院所及重大科技基础设施也灿若繁星，围绕能源、信息、健康、环境四大领域，合肥综合性国家科学中心目前已布局建设综合性国家科学中心能源研究院、人工智能研究院、大健康研究院、环境研究院等高能级创新平台，已建成或投入运行中科院量子信息与量子科技创新研究院、合肥微尺度物质科学国家研究中心、中科院合肥物质科学研究院等重大创新平台。此外，已建成、在建或预研全超导托卡马克核聚变实验装置、稳态强磁场实验装置等 11 个大科学装置，是我国重大科技基础设施最为集聚的区域之一。至此，合肥已具备扎实的科研实力与创新基础，建设高质量综合性国家科学中心取得阶段性成效。

在注重科研创新的氛围与导向中，仍需将科研成果应用与产业化进程放在最重要的位置。合肥尽管已渐渐在抢占新兴产业制高点中"唱起主角"，但其产业发展仍旧不均衡，门类也不甚齐全，与北京、上海、深圳等一线城市的产业格局与竞争力相比，还有较长的一段路要走。因此，合肥综合性国家科学中心应继续加大对科技成果产业化的支持力度，避免实验成果在其他城市或地区落地转化。

四、制度环境

创新尤其是持续性的创新，离不开制度的引领与体制机制的配套。在制度环境方面，合肥综合性国家科学中心也不落人后，秉承着"不破不立""敢为人先"的改革理念，破除影响发展的陈规旧章，以制度创新充分释放着科技创新的动能。例如，积极探索地方政府参与国家创新平台建设的有效模式，设置专项资金支持重大科技基础设施、前沿交叉研究平台建设，突破了以往高度依靠中央财政投入的传统模式；组建运行合肥综合性国家科学中心专项基金，建立"补转股、股转债"的全新政府资金投入模式；开展"产业化经费股权投资改革试点"，创新财政资金参与科技成果转移转化方式，放大了财政资金的引领和杠杆效应；推动基础研究、应用基础研究成果及时转化为现实生产力，借助综合性国家科学中心建设优势，搭建从科研到技术、从技术到应用的转化桥梁；启动"科大硅谷""量子中心"建设，打造深化科技体制改革，推动创新发展的示范工程；在人才引育方面，合肥不断推动"产教融合"，促进产业与教育科研的深度融合，此外，在做好外籍人才服务保障方面下足功夫，落实"绿色通道"，积极优化外国人来华工作许可办理流程等政务服务。综上所述，深化制度创新，促进各类改革项目的有机衔接、系统集成，创造更多可复制、可推广的经验，是合肥综合性国家科学中心实现从科教基地向创新高地华丽转身的重要保障之一。

五、城市公共基础设施

在城市公共基础设施建设方面，合肥也取得了显著的成效。一是交通基础设施。作为19个国家级综合铁路枢纽之一，截至2020年底，合肥已与4个直辖市互通动车，与17个省会城市互通高铁，并与15个省会城市开行普速列车；目前1、2、3、5号城市轨道交通已投入运营，初步形成城市地铁线网；新桥国际机场二期改扩建工程已开工建设，有助于进一步提升合肥机场区域航空枢纽功能；并且已形成以合肥为中心，覆盖市域、辐射城际、连通苏浙沪的公路网，助力长三角交通一体化发展。二是教育、医疗保障。在教育领域，合肥目前已拥有合肥一中、合肥六中、巢湖四中、合肥师范附属小学、合肥市六安路小学等优质教育资源，"十四五"期间，合肥将继续扩大优质教育资源供给，推广集团化办学模式，积极引进国内外名校在肥办学①。在医疗领域，合肥尽管拥有安徽医科大学第一附属医院、安徽省立医院、合肥市第一人民医院、滨湖医院等三甲医院，但根据《2020 年度中国医院综合排行榜》②，合肥医院均未入围前 50 强，与长三角的上海、南京、苏州等城市相比，医疗实力差距较大。三是新型基础设施建设。为加快新型基础设施建设，引领经济高质量发展，合肥于 2020 年印发《合肥市推进新型基础设施建设实施方案（2020—2022 年）》，提出建设国际领先的创新基础设施集群、构建国内先进的信息基础设施网络、建立长三角一流的融合基础设施体系、打造引领区域发展的数字经济新高地等发展目标，旨在提升合肥综合性国家科学中心的创新能级。

第三节 北京怀柔综合性国家科学中心

　　怀柔综合性国家科学中心是北京建设具有全球影响力的国际科技创新中心的内核支撑，其核心承载区为怀柔科学城。其建设使命与其他三大综合性国家科学中心类似，旨在面向世界科技前沿和国家重大需求，建设世界级原始创新承载区，加快形成国家战略科技力量。"十四五"时期，怀柔综合性国家科学中心已进入建设与运行并重的新阶段，将继续坚持以全球化视野谋划和推进创新，加速融入全球创新网络，打造国际科技开放合作的重要枢纽。

① 中共合肥市委：《中共合肥市委关于制定国民经济和社会发展第十四个五年规划和二〇三五年远景目标的建议》，合肥市人民政府门户网站，2021 年 1 月 16 日。
② 《2020 年度中国医院综合排行榜》由复旦大学医院管理研究所组织，来自中华医学会、中国医师协会的多位专家参与评审，每年 11 月公布上一年度结果。

一、发展历程

怀柔综合性国家科学中心的前身是怀柔科教产业园，2009 年 6 月 12 日，北京市人民政府与中科院签署"共建中国科学院北京怀柔科教产业园合作协议"，该园区由基础与前沿科学基地、教育基地、科研与转化基地三个片区构成，是继中关村园、奥运园之后，中科院在北京打造的第三个园区，在此之后，大量科研院所、重大科技基础设施以及产业化项目等在此布局、落户，科教氛围日渐浓厚。2016 年 9 月 11 日，国务院印发《北京加强全国科技创新中心建设总体方案》，指出"统筹规划建设中关村科学城、怀柔科学城和未来科技城，建立与国际接轨的管理运行新机制，推动央地科技资源融合创新发展"，标志着怀柔科教产业园已升级至怀柔科学城的新阶段，怀柔科学城的建设也一跃成为国家层面的战略部署。2016 年 9 月 28 日，北京市人民政府与中科院召开"十三五"时期院市合作推进全国科技创新中心建设座谈会，会上双方签署了《"十三五"时期北京市人民政府与中国科学院合作推进全国科技创新中心建设行动计划》与《中国科学院北京市人民政府共建怀柔科学城合作协议书》，院市合作进一步深化，怀柔科学城建设进入实质性阶段。2016 年 11 月 15 日，北京市人民政府办公厅印发《怀柔科学城建设发展规划（2016—2020 年)》，提出建设重大科技基础设施集聚区、建设高端科技人才集聚区、全面支撑国家实验室建设、加快推进综合性国家科学中心建设等九大重点任务，怀柔科学城发展目标及战略定位进一步明确。2017 年 5 月 25 日，国家发展改革委、科技部联合批复了《北京怀柔综合性国家科学中心建设方案》（以下简称《建设方案》），怀柔综合性国家科学中心也成为继上海张江、安徽合肥后国家正式批准建设的第三个综合性国家科学中心，这意味着怀柔在国家科技创新版图中的位置愈发醒目。《建设方案》明确了到 2020 年怀柔综合性国家科学中心建设成效初步显现，到 2030 年全面建成世界知名的综合性科学中心的顶层设计与目标规划。2017 年 9 月 13 日，中共中央、国务院批复《北京城市总体规划（2016 年—2035 年)》（以下简称《规划》），《规划》强调要形成以怀柔科学城、中关村科学城、未来科学城以及北京经济技术开发区等"三城一区"为主平台的科技创新空间布局，其中怀柔科学城应建成与国家战略需要相匹配的世界级原始创新承载区。2021 年 11 月 3 日，中共北京市委、北京市人民政府印发《北京市"十四五"时期国际科技创新中心建设规划》（以下简称《建设规划》），指出在"十四五"期间要"突破怀柔科学城。强化以物质为基础、以能源和生命为起步科学方向，深化院市合作，加快形成重大科技基础设施集群，营造开放共享、融合共生的创新生态系统，努力打造成为世界级原始创新承载区，聚力建设'百年科学城'"，这一《建设规划》为"十四五"时期怀柔科学城助力北京建设国际科技创新中心作出了更详细、更前瞻的部署。目前，《"十四五"时期北京怀柔综合性国家科学中心发展规划》已编制完成，并经北京市委常委会审议通过。

二、经济基础与产业结构

与前面一致，本节将依旧使用 GDP 总额作为衡量怀柔综合性国家级科学中心经济状况和发展水平的判断指标。根据《怀柔科学城控制性详细规划（街区层面）（2020 年—2035 年）》（草案），作为怀柔综合性国家科学中心核心承载区的怀柔科学城，其规划范围总面积约 100.9 平方千米，其中位于怀柔区的面积约 68.2 平方千米，位于密云区的面积约 32.7 平方千米。鉴于怀柔科学城相关统计数据尚未发布，因此，本书将以 2015~2019 年怀柔区与密云区 GDP 总和变化以及两区 GDP 总额占北京市 GDP 总额的比例这两个指标来衡量怀柔综合性国家科学中心的经济实力。

如图 5-6 所示，两区 GDP 总额与增速均相对偏低，5 年来 GDP 总额仅维持在北京 GDP 总额的 2% 左右，且未有明显变化。经济体量与北京市其他区差距较大且多年未见起色，究其原因，经济不发达应该与其地处远郊、人才吸引力不足、产业结构不够优化、企业实力薄弱以及缺少龙头企业等有一定的关系。因此，怀柔综合性国家科学中心应充分发挥其科研资源优势，强化科研与产业的衔接，在推动科技创新成果产业化的基础上，带动区域经济快速发展。

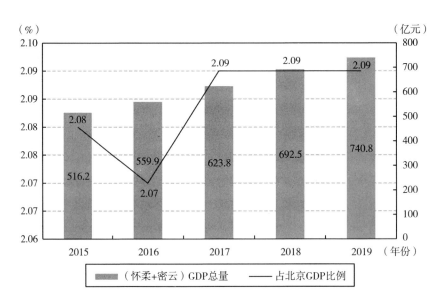

图 5 - 6 2015～2019 年怀柔区与密云区 GDP 总额
及占北京市 GDP 比重变动情况

资料来源：《北京区域统计年鉴 2020》。

从历年三次产业结构来看，怀柔区三次产业比重由 2015 年的 7.1：131.8：95.3 调整为 2019 年的 6.4：163.9：229.5，密云区三次产业比重由 2015 年的 16.3：100.8：109.5 调整为 2019 年的 13.6：101.9：225.4。[①]可以看出，五年间两区第一产业比重下降，第二、第三产业比重上升，尤其是第三产业，GDP 占比超越了第二产业并实现了快速跃升，这说明第三产业已成为拉动经济增长的主要力量，产业结构更趋优化。从产业分布情况来看，怀柔综合性国家科学中心聚焦新材料、新能源、生物医药、智能制造、节能环保、数字经济、科技服务等新兴产业，以及影视文化、休闲旅游等传统产业，高质量发展势头强劲。《北京市"十四五"时期国际科技创新中心建设规划》指出，"十四五"期间怀柔科学城要"重点培育高端仪器与传感器、能源材料、细胞与数字生物等战略性新兴产业和未来产业"，这将是未来一段时间怀柔综合性国家科学中心产业结构调整的方向与重点，也是促进科技创新与经济增长的重要途径。

①《北京区域统计年鉴（2020）》。

三、科技创新

怀柔综合性国家科学中心作为国家层面的科技战略力量，具有巨大的创新潜能，且目前已初步构建了良好的科技创新生态。这一部分将依旧从创新产出与创新投入两方面入手，对其创新实力进行深入剖析。

（一）专利与技术合同成交总额

2019 年，怀柔区、密云区的专利授权量分别为 1643 件、1076 件，合计仅占北京市 16 个区专利授权总量的 2.06%，技术合同成交总额分别为 22.5 亿元、12.9 亿元，合计仅占北京市技术合同成交总额的 0.62%，与海淀区、朝阳区、大兴区等地的数据相去甚远。[①] 专利授权量是衡量科技创新的最直观的描述维度之一，通过以上数据可知，怀柔综合性国家科学中心的原始创新能力与科技水平仍旧很弱，因此接下来仍需下大力气增强创新投入与动能，以便进一步稳固和提高其竞争地位与优势。

（二）研发投入

《北京区域统计年鉴》尚未涵盖北京各区的年度 R&D 经费与 R&D 人员投入等数据，而是仅对各区规模以上工业与信息传输、软件和信息技术服务业企业的 R&D 投入情况进行统计，因此，本节见微知著，采用这一标准来衡量怀柔综合性国家科学中心的 R&D 投入情况。

2019 年，怀柔区、密云区的规模以上工业与信息传输、软件和信息技术服务业企业的 R&D 经费投入分别为 64667.9 万元、46772.7 万元，研发强度仅为 1.61%、1.37%，合计仅占北京市 R&D 经费投入总量的 1.61%，R&D 人员投入分别为 1882 人、1204 人，合计仅占北京市 R&D 人员投入总量的 2.25%。[②] 因此，R&D 投入不足、R&D 强度偏低是怀柔综合性国家科学中心原始创新能力有待提高的重要原因之一。

---

①② 《北京区域统计年鉴（2020）》。

（三）科研机构

自 2017 年获得批复以来，怀柔综合性国家科学中心围绕物质、空间、生命、地球系统和信息与智能五大科学方向，加快布局科研力量，努力成为国内设施平台高度集中、创新资源高度密集的区域之一。在国家实验室建设方面，北京目前已建成或处于筹建阶段的国家实验室大多分布于海淀区等科教重区，怀柔迄今为止只有怀柔国家实验室这一个国家实验室。在高校建设方面，中国科学院大学这一创新型"双一流"高校可为怀柔综合性国家科学中心的建设提供源源不断的创新资源与人才保障。在创新平台建设方面，截至目前，怀柔综合性国家科学中心已布局 29 个科技基础设施平台，其中包括 13 个交叉研究平台，11 个科教基础设施，以及地球系统数值模拟装置、综合极端条件实验装置等 5 个重大科技基础设施。[①] 此外，目前已有首个国家级制造业创新平台——国家动力电池创新中心以及北京纳米能源与系统研究所、国科大怀柔科学城产业研究院、雁栖湖应用数学研究院等多家中科院院所入驻怀柔综合性国家科学中心，学科分布较为均衡、创新基础设施较为全面，已初步具备形成协同创新网络的条件，创新潜力较大。

四、制度环境

一流的创新环境需要一流的制度环境来"撑腰"。怀柔综合性国家科学中心近年来注重强化制度创新与制度供给，为打造原始创新策源地做出较多科研体制机制方面的新突破。例如，在人才引进培养、科研经费支持和促进成果转化等方面进行政策集成和创新探索，用好国家自然科学基金委区域（北京）创新发展联合基金，健全"从 0 到 1"和"从 1 到 10"的创新成果转化资金政策体系；加强重大科技基础设施运行管理制度建设，搭建科技信息公共服务平台，探索交叉研究平台市场化运行新模型，推进科技基础设施面向社会的开放共享；设立北京市知识产权保护中心怀柔科

---

① 北京市怀柔区 2021 年政府工作报告。

学城分中心，为创新主体提供优质的知识产权服务；完善投融资方案，引入金融资本和社会资本，用好国家自然科学基金区域创新发展联合基金，支持科技成果转移转化，力争边建设、边运行、边科研、边产出。

五、城市公共基础设施

一是交通基础设施。由于地理偏僻，山区面积广大，所以其交通并不便利，交通基础设施也不尽完善。迄今为止，怀柔尚未开通城市轨道；在铁路交通方面，仅有京哈高速铁路一条，京通铁路、京承铁路、大秦铁路三条跨省铁路以及怀密线、通密线两条市郊铁路；在高速公路方面，能够将怀柔纳入北京的半小时经济圈的仅有京承高速；科学城内多数科研人员前往市区仍主要依靠公共交通，但公共交通仍有较大优化空间。如今的"大交通时代"正在改变区域发展的时空观、边界观、区位观和资源观，四通八达的交通网络体系对于促进人才、技术、资本的交换和均衡配置具有重要意义，是助推京津冀协同发展以及四大综合性国家科学中心的协同发展的强力引擎。因此，打造便捷的交通体系应是怀柔综合性国家科学中心目前首要关注的问题。二是教育保障。截至 2019 年底，怀柔、密云两区共有普通中学 43 所，仅占北京市 6%；共有小学 57 所，也仅占北京市 6%；共有幼儿园 154 所，仅占北京市 9%，[1] 高校建设也仅有中国科学院大学怀柔校区、北京电影学院怀柔校区两所名校分校，教育资源的严重不足是制约人才流入的瓶颈之一。三是医疗保障，目前拥有北京中医医院怀柔医院、怀柔区妇幼保健院、怀柔第一医院、中国科学院大学附属北京怀柔医院、北京大学第一医院密云院区等医疗资源，其中仅中医院为三甲医院。截至 2019 年底，怀柔、密云两区共有医疗卫生机构 1057 个，占北京市总数约 9%，[2] 如何吸引优质医疗资源入驻，提升整体医疗水平，是有待解决的问题。四是住房保障。截至 2021 年 11 月底，怀柔科学城东区首个为解决科研人员住房问题而建设的人才公寓已全面竣工。根据 2020 年怀柔区"两会"部署，近两年怀柔科学城还将布局建设 2000～4000 套人才公

---

①② 《北京区域统计年鉴（2020）》。

租房，完善多主体供给、多渠道保障、租购并举的住房保障体系。

第四节 粤港澳大湾区综合性国家科学中心

与其他三地不同，粤港澳大湾区是一个"9 + 2"城市群概念，由香港特别行政区、澳门特别行政区和广东省广州市、深圳市、珠海市、佛山市、惠州市、东莞市、中山市、江门市、肇庆市构成，其中，香港、澳门、深圳、广州是大湾区发展的核心引擎。因此，解决区域间的差异化协同发展，不仅适用于综合性国家科学中心之间，对大湾区各城市之间也尤为重要。

随着经济社会发展到一定的新阶段，城市群早已成为全球竞争合作的主体以及世界区域空间结构演变的趋势，同时也是各国调整内部空间结构的必经之路。作为城市发展进化的"金字塔尖"，城市群代表了城市发展的最高形态与最高生产力水平，它不仅有利于要素流动整合、产业结构优化、城市间协同创新程度与整体创新能力的提升，而且会对全国，乃至全世界的经济、政治、文化产生重要影响。目前，我国也已形成以城市群和大都市圈为载体的经济发展模式。自党的十八大以来，党中央陆续提出了京津冀协同发展、长江经济带发展、共建"一带一路"、粤港澳大湾区建设、长三角一体化发展、成渝双城经济圈等新的城市群发展战略，区域一体化发展取得了丰硕成果。其中，粤港澳大湾区作为继美国纽约湾区、美国旧金山湾区、日本东京湾区之后的世界第四大湾区，更是肩负着强化国家战略科技力量的伟大历史使命，具有不可替代的地位与作用。

一、发展历程

"粤港澳大湾区"从这一理念的产生到国家战略的提出，历时 20 余年。早在 20 世纪 90 年代，时任香港科技大学校长吴家玮就提出了建设深港湾区的设想。2008 年，《珠江三角洲地区改革发展规划纲要（2008—2020 年)》印发，强调"规划建设深港创新圈，加强穗港产学研合作，加快国家创新型城市建设，形成以广州—深圳—香港为主轴的区域创新布局"。2014年1月23日，深圳市政府工作报告提出"聚焦湾区经济，构建区域协同发展新优势"。2015年3月28日，国家发展改革委、外交部、商务部联合发布《推动共建丝绸之路经济带和21世纪海上丝绸之路的愿景与行动》，提出要深化港澳合作，打造粤港澳大湾区。2016年3月16日，国家"十三五"规划明确提出"支持港澳在泛珠三角区域合作中发挥重要作用，推动粤港澳大湾区和跨省区重大合作平台建设"。2017年3月5日，李克强总理在政府工作报告中明确提出"要推动内地与港澳深化合作，研究制定粤港澳大湾区城市群发展规划，发挥港澳独特优势，提升在国家经济发展和对外开放中的地位与功能"，这也是"粤港澳大湾区"首次出现在政府工作报告中。2017年10月18日，党的十九大报告提出"要支持香港、澳门融入国家发展大局，以粤港澳大湾区建设、粤港澳合作、泛珠三角区域合作等为重点，全面推进内地同香港、澳门互利合作，制定完善便利香港、澳门居民在内地发展的政策措施"，2018年11月29日，中共中央、国务院发布《关于建立更加有效的区域协调发展新机制的意见》，明确了香港、澳门、广州、深圳在粤港澳大湾区建设中的中心引领作用。2019年2月18日，中共中央、国务院印发《粤港澳大湾区发展规划纲要》，指出"充分发挥粤港澳综合优势，深化内地与港澳合作，进一步提升粤港澳大湾区在国家经济发展和对外开放中的支撑引领作用，支持香港、澳门融入国家发展大局"的重要目标，成为指导粤港澳大湾区当前和今后一个时期合作发展的纲领性文件。2019年8月9日，中共中央、国务院发布《关于支持深圳建设中国特色社会主义先行示范区的意见》，明确提出"以深圳为主阵地建设综合性国家科学中心，在粤港澳大湾区国际科技创新中心建设中发挥关键作用"，肯定了深圳在大湾区发展中的核心引擎作用。2020年7月，国家发展改革委、科技部批复同意建设大湾区综合性国家科学中心，并赋予东莞松山湖科学城与深圳光明科学城集中连片地区建设大湾区综合性国家科学中心先行启动区的重任。2021年3月13日，建设大湾区综合性国家科学中心被纳入国家"十四五"规划，再次印证大湾区是创新型国家建设的引领性探索以及中国经济新版图构建的伟大实践。

二、经济基础

如表 5-2 所示，2020 年粤港澳大湾区 GDP 总量超过 11 万亿元，约占全国 GDP 总量（101 万亿元）的 11%。大湾区以不足全国 1% 的国土面积（5.6 万平方千米）与仅占全国 5% 的人口（2019 年末人口为 7264.9 万人），创造了全国 11% 的经济总量，这充分体现了大湾区作为国家高品质增长极的经济活力。

表 5-2　　2019 年、2020 年粤港澳大湾区城市 GDP 排名

排名	城市	2019 年 GDP（亿元）	2020 年 GDP（亿元）	同比增长（%）
1	深圳	26927	27670	2.76
2	广州	23628	25019	5.89
3	香港	25010	24103	-3.63
4	佛山	10751	10817	0.61
5	东莞	9483	9650	1.76
6	惠州	4177	4222	1.08
7	珠海	3436	3482	1.34
8	江门	3147	3201	1.72
9	中山	3101	3152	1.64
10	肇庆	2249	2312	2.80
11	澳门	3601	1573	-56.32
合计		115625	115307	

资料来源：历年《广东统计年鉴》《中国统计年鉴》。

从各个城市 GDP 数据来看，深圳 2020 年 GDP 高达 2.76 万亿元，占湾区 11 个城市 GDP 总量的 24%，并超越香港成为湾区首位，但是惠州、珠海、江门、中山、肇庆、澳门这几个城市的 GDP 总量均在 5000 亿元以下，其总和甚至未超过深圳、广州、香港三大中心城市其中之一，因此大湾区内部各城市间的经济水平仍旧差距较大，区域协同性仍旧较弱。

从 GDP 增速来看，深圳、广州、肇庆 2020 年 GDP 同比增长率分别为 2.8%、5.9%、2.8%，高于其余 8 个城市，香港与澳门增长率最低，均出现负增长，且澳门 2020 年 GDP 同比增长率竟然"大跳水"至 -56.32%

（见图 5-7）。通过查询以往数据可知，2016～2018 年，澳门本地生产总值均为正增长，2017 年甚至高达 12.3%，直到 2019 年才出现 -0.3% 的负增长，[①] 这说明出现负增长的原因很大程度在于受新冠肺炎疫情全球蔓延的影响，使澳门的支柱产业——博彩业与旅游业，在过于依赖外部环境且产业结构单一，与其他产业的联动性不高的情况下，经济出现下滑。此外，在正增长的其余 6 个城市中，其增速均低于广东省 2020 年平均水平，经济发展潜力仍未能充分释放。因此，从增长率也能看出，大湾区内部各城市间发展不平衡显著。

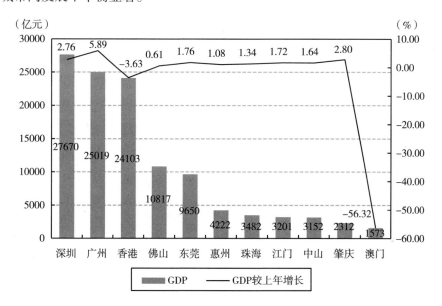

图 5-7　2020 年粤港澳大湾区城市 GDP 总额及增速

资料来源：历年《广东统计年鉴》《中国统计年鉴》。

三、产业结构

从大湾区各个城市三次产业发展来看，肇庆第一产业增加值位列第一，澳门由于地域狭小、土地有限的原因，无法开展第一产业，数据为 0。第二产业增加值位列前三的分别为深圳、广州、佛山，其中深圳的第二产

---

① 澳门特别行政区政府统计暨普查局官方网站。

业增加值更是达到了澳门的近 700 倍。第三产业增加值前三名为香港、广州、深圳，这三大城市的第三产业增加值总和占到了整个大湾区的 73%，其中广州与深圳数据差距较小，香港由于其特有的服务业优势，第三产业增加值突破两万亿元。从三次产业构成来看，香港、澳门的产业结构较为单一、偏狭，服务业占比过高，均超过 93%，而制造业逐渐式微，经济"空心化"较为严重；反观珠三角 9 市，三次产业构成较为均衡，其中深圳、广州、珠海、江门第三产业占比高于第二产业，"三二一"型产业结构特征明显，肇庆的二、三产业构成相差无几，形成了服务业与工业基本持平的"三二一"型产业结构，而佛山、中山、东莞、惠州的第二产业占比高于第三产业，呈现出"二三一"型产业结构，即工业仍旧是拉动地方经济增长的重要动力。因此，从三次产业发展来看，尽管 2019 年深圳、广州的第二、第三产业增加值远高于其他城市，发挥着作为中心城市的极点带动功能，但粤港澳大湾区整体产业发展仍具有相对良好的梯度差异性，有利于湾区产业一体化发展（见表 5-3）。

表 5-3　　2019 年粤港澳大湾区各市三次产业增加值及构成

城市	第一产业（亿元）	第二产业（亿元）	第三产业（亿元）	产业构成
香港	14.60	1469.09	20861.46	0.1∶6.6∶93.3
澳门	0	15.23	3389.44	0∶4.3∶95.7
深圳	25.20	10495.84	16406.06	0.1∶39.0∶60.9
广州	251.37	6454.00	16923.22	1.1∶27.3∶71.6
珠海	57.36	1528.73	1849.79	1.7∶44.5∶53.8
江门	254.23	1352.54	1539.87	8.1∶43.0∶48.9
佛山	156.92	6044.62	4549.48	1.5∶56.2∶42.3
中山	62.60	1521.82	1516.68	2.0∶49.1∶48.9
东莞	28.48	5361.50	4092.52	0.3∶56.5∶43.2
惠州	205.50	2169.12	1802.79	4.9∶51.9∶43.2
肇庆	386.02	925.45	937.33	17.2∶41.1∶41.7

资料来源：《广东统计年鉴 2020》《中国统计年鉴 2020》。

从大湾区各个城市产业分布情况来看，大多数城市在电子信息产业方面重合度较高，但同时又各具特色，存在着一定的互补性。尤其是随着生产要素成本提高、土地供给不足、营商环境政策导向变化等原因，劳动密集型制造业正由深圳、香港等中心城市加速向东西及北部地区迁移，产业外溢与输出现象明显。作为大湾区的金融中心以及科技创新中心，香港、深圳注重发展技术密集型制造业、高新技术产业以及金融业、科技服务业等现代服务业，注重重点扶持高成长、高附加值的创新型高新技术企业与现代服务业企业，而将加工贸易类企业、劳动密集型企业、低附加值高新技术企业外迁；澳门以博彩业、旅游业为主导，可转移产业较少，产业布局未有明显变化；广州依托其科技优势重点发展生物制药、人工智能、电子信息等科技密集型产业以及汽车制造等技术密集型制造业，而将石油化工、钢铁等产业渐渐转移至湛江；珠海、惠州、东莞、佛山仍处于从劳动密集型向技术密集型制造业的过渡过程中，其优势产业包括电子信息、电器机械、石油化工、陶瓷业等；中山、江门、肇庆则仍以劳动密集型轻工业，如纺织服装、食品饮料以及农业为主。综上可知，粤港澳大湾区11个城市的产业结构及经济发展存在着一定的差异性，香港、广州、深圳高新技术产业以及现代服务业比较发达，第三产业占大湾区七成以上，澳门"一业独大"，抗风险能力较差，珠海、惠州、东莞、佛山主要发展技术密集型制造业，其他3个城市主要依靠劳动密集型制造业及农业带动，产品附加值相对较低。

四、科技创新

粤港澳大湾区最让人期待的就是创新。由于珠三角9个城市与港澳地区某些指标的统计维度不同，很难在同一层面进行比较，因此本书只选取创新产出与创新投入两个维度中的专利授权量、研发经费、科研机构数量等指标来分析大湾区整体及内部各城市的科技创新能力，以及是否形成了一定的区域协同格局。

（一）专利

为直观地分析比较粤港澳大湾区内部各区域的创新能力，本节将按照地理方位，将大湾区划分为珠江东岸（深圳、东莞、惠州）、珠江西岸（广州、珠海、佛山、中山、江门、肇庆）与港澳地区（香港、澳门）三个区域,以便更明了地对专利数据进行观察整理并总结规律,展现不同区域的科技创新实力。

如图 5 - 8 所示,近 5 年来大湾区科技创新硕果累累,专利授权总量从 2015 年 198870 件攀升至 2019 年的 475940 件,增长率高达 139.30%,占广东省总量的 90.24%。从每年数据来看,大湾区专利授权量呈逐年增长态势,平均涨幅约为 25.32%,其中 2018 年增幅最大,同比增长 43.40%,总量增长 13 万余件;2016 年增幅最小,同比增长 9%,总量增长 1.8 万余件。从大湾区内部三个区域分别来看,近 5 年来尽管大湾区专利授权量一直处于上涨状态,但仍存在区域分布不均衡,创新能力差距较大的问题。例如,珠江东岸 3 市专利授权总量优势明显,5 年间总量高达 835894 件,珠江西岸 6 市紧随其后,与东岸 3 市相差仅 5 万余件,但港澳地区由于制造业"空心化"、高科技缺位等原因,与其他区域差距较大,总量仅有 2958 件,且在 2017 年、2018 年出现回落态势。

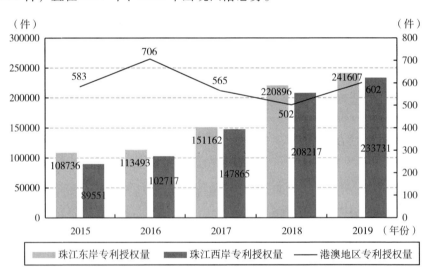

图 5 - 8 2015 ~ 2019 年粤港澳大湾区分区域专利授权量

资料来源:广东省市场监督管理局(知识产权局)官方网站;香港特区政府统计处,澳门地区发明专利统计分析报告。

(二) 研发经费

从大湾区整体层面来看,如图 5 - 9 所示,2015 ~ 2019 年大湾区 R&D

经费投入整体呈上扬趋势，研发强度（研发经费投入/GDP）也持续提升。2015 年大湾区 R&D 经费投入为 1590.9 亿元，到 2019 年增长至 3190.8 亿元，增幅高达 100.6%，年均增长率最高的是 2016 年，达到 32.2%，其余年份在 14% ~ 16% 小幅度波动。此外，R&D 强度也从 1.83% 增长至 2.76%。因此，大湾区作为国家战略科技力量的第一方阵，近年来对研发方面的投入愈发重视，科研实力也愈发雄厚。

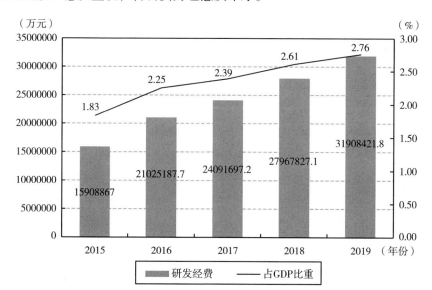

图 5 - 9 2015 ~ 2019 年粤港澳大湾区研发经费投入及其占 GDP 比重

资料来源：历年《广东统计年鉴》；香港特区政府统计处；澳门特别行政区政府统计暨普查局官方网站。

具体到大湾区 11 个城市，由图 5 - 10 可以看出，深圳"独占鳌头"领跑整个湾区，2019 年 R&D 经费投入总量破千亿元大关，比位居前列的广州、东莞、佛山三城总和还要高，且分布曲线最为陡峭，说明在大湾区内无论是经费投入总量还是增长速度，深圳都居于榜首，较之于其他城市领先优势不断扩大。其次领先优势较为明显的是广州，总量较大但分布曲线相对平缓，说明 R&D 经费增长速度较为稳定。此外，其他 9 个城市的投入总量较少、增速缓慢，距之深圳、广州悬殊较大。因此，从 R&D 经费投入可得出，深圳、广州是大湾区内创新要素最集中、创新强度最高的两大城市，湾区内部创新经济发展极为不平衡，"极化效应"明显。

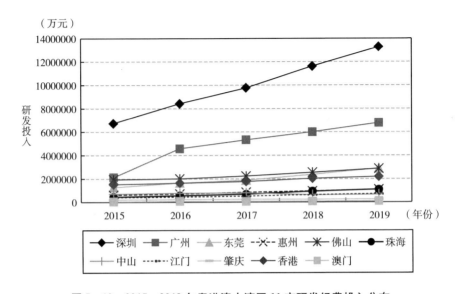

图 5 - 10　2015 ~ 2019 年粤港澳大湾区 11 市研发经费投入分布

资料来源：历年《广东统计年鉴》；香港特区政府统计处；澳门特别行政区政府统计暨普查局官方网站。

（三）科研机构

在基础研究及应用基础研究阶段，科研机构主要涵盖实验室、高校、研究院所等科研力量。作为粤港澳大湾区内的"四大中心城市"，香港、澳门、深圳、广州几乎吸纳了大湾区内所有的优质高校，"虹吸效应"显著。高校是人才培养的高地，人才资源又是科技创新的核心要素，这就在一定程度上体现了湾区内部创新资源分布的不均衡。在实验室建设方面，大湾区目前只有鹏城实验室这一所正式挂牌的国家实验室，现有的 12 个国家及省级实验室相对平衡地分布于珠三角 6 个城市，如广州的"广州再生医学与健康广东省实验室"，东莞的"松山湖材料实验室"，惠州的"先进能源科学与技术广东省实验室"等，瞄准的都是时下"卡脖子"技术难题。在科研院所的部署建设方面，大湾区各市则呈现出了多领域"百舸争流""各有所专"的良好格局，致力于整合多方科研资源，集中力量办大事。由于大湾区"一体化发展"的政策导向，城市之间资源传递与相互协作的程度也相应增加，如东莞与广州共建华南协同创新研究院；在港深两地政府携手推动下，大湾区国际创新学院于 2018 年落户深圳。

　　创新是企业的立身之本、发展之基。若没有研发与核心技术，企业想在市场竞争中占据优势几乎不可能，因此对企业的分析也可以放在科研机构的篇幅中。在 2020 年上榜世界 500 强的 21 家粤港澳大湾区企业名单中，有 8 家总部位于深圳，7 家位于香港，占到了 70% 以上，广州、佛山、珠海共有 6 家，其余城市未上榜，地域分布明显不均，这一情景与政策引导以及上榜城市拥有众多优质高校、科研院所有关。尽管地域分布不均，但上榜企业行业分布平衡性显著，信息与通信技术、互联网、房地产、金融业等企业竞相发展，体现了大湾区作为综合性国家科学中心的全面性、综合性（见表 5-4）。

表 5-4　　　　　　　　　世界 500 强粤港澳大湾区上榜企业名单

排名	500 强上榜企业	营业收入（亿美元）	总部所在地
21	中国平安保险（集团）股份有限公司	1842.80	深圳
49	华为投资控股有限公司	1243.16	深圳
79	中国华润有限公司	947.58	香港
91	正威国际集团	888.62	深圳
105	中国南方电网有限责任公司	819.78	广州
147	碧桂园控股有限公司	703.35	佛山
152	中国恒大集团	691.27	深圳
189	招商银行	572.52	深圳
197	腾讯控股有限公司	546.13	深圳
206	广州汽车工业集团	536.62	广州
208	万科企业股份有限公司	532.53	深圳
224	联想集团	507.16	香港
235	招商局集团	491.26	香港
250	友邦保险集团	472.42	香港
296	雪松控股集团	412.77	广州
301	怡和集团	409.22	香港
307	美的集团股份有限公司	404.40	佛山
328	长江和记实业有限公司	381.66	香港
392	中国太平保险集团有限责任公司	319.12	香港
436	珠海格力电器股份有限公司	290.24	珠海
442	深圳市投资控股有限公司	288.55	深圳

　　资料来源：根据《财富》杂志 2020 年 8 月最新发布的世界 500 强企业名单整理。

五、制度环境

区域一体化发展最重要的是要素流动的一体化，而要素流动实现一体化的关键在于制度上的创新与突破。在粤港澳大湾区的协同发展过程中，制度协同是最难以推进的短板，因为由于特殊的历史原因，大湾区有着不同于国内外其他城市群的"9＋2"独特制度结构，即存在着"一个国家、两种制度、三个关税区、三种货币"独一无二的多元制度情境（见图5-11），这一情境既是挑战，也是优势，一方面是要素自由流动、市场互通互联所面临的壁垒；另一方面也是发挥其更大优势的独特禀赋。

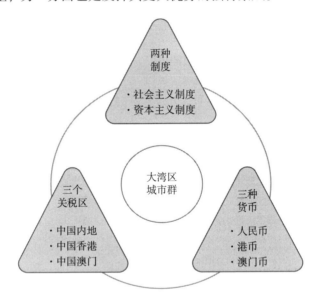

图5-11 粤港澳大湾区的多元制度情境

自港澳回归以后，我国政府相继出台了一系列政策措施推动港澳与内地的联系，共创高质量发展新局面，如支持珠三角港口、机场、轨道交通之间的衔接；鼓励内地与港澳学校高等教育双向合作；促进港澳科技人员参与国家重大科技项目，深化科技产业合作；出台《关于加快推动医疗服务跨境衔接的若干措施》，打通大湾区跨境医疗服务"堵点"，促进优质医疗卫生资源更自由地跨境流通；放宽内地游客港澳自由行等。为实现粤港澳大湾区一体化发展，国家及地方也陆续出台若干重磅方案或措施，推动一体化进程。2021 年 9 月，中共中央、国务院先后印发《横琴粤澳深度合作区建设总体方案》与《全面深化前海深港现代服务业合作区改革开放方案》，横琴、前海双合作区肩负着引领带动粤港澳全面合作的新使命，通过开展跨境人民币结算、跨境商业医疗保险、跨境信用证保险，境内外高端人才和紧缺人才个税补贴，促进国际互联网数据跨境流动等创新举措，是丰富粤港澳大湾区协同协调发展模式，更好地支持香港、澳门发展融入国家发展大局的又一重磅战略部署。

六、交通基础设施

作为粤港澳大湾区协同发展的"动脉"，近年来大湾区交通基础设施一体化加速发展，交通的融合与便利将 11 个城市紧密串联，畅通了创新要素流动的渠道，疏通了整体协同的脉络。以高速铁路、城际轨道交通、高速公路、城市轨道交通等快速交通网络以及大型桥梁、港口群、机场群为主体的交通基础设施体系蓬勃发展，目前已规划或建设或通车广深港高铁、赣深高铁、深茂高铁等高速铁路，穗莞深城际铁路、广珠城际铁路等城际轨道交通，沈海高速、广澳高速、珠三角环线、龙大高速、京港澳高速等高速公路，广佛地铁、港铁东铁线、深圳地铁、广州地铁、珠海地铁、东莞地铁等城市轨道交通，深中通道、深圳湾大桥、港珠澳跨海大桥、青马大桥、澳凼大桥、虎门大桥等大型桥梁，深圳蛇口港、深圳盐田港、广州黄埔港、香港葵青货柜码头、港澳货柜码头、东莞港、中山港、惠州港、佛山港等港口群，深圳宝安国际机场、香港国际机场、澳门国际机场、广州白云国际机场、珠海金湾国际机场、佛山沙堤机场、珠三角新干线机场等机场群。

基于以上分析，粤港澳大湾区在交通基础建设与联通方面加速畅通，高速铁路、高速公路、大型桥梁等交通枢纽将 11 个城市紧密地串联起来，交通通达度不断增强，综合交通网络不断完善，通勤效率不断提高，已逐渐满足了日益增长的交通运输需求与区域间要素流动需求。尤其是港珠澳跨海大桥、深圳湾大桥等连接港澳的大型桥梁建成通车后，香港到深圳、珠海的时间大大缩短，在一定程度上加快了大湾区的一体化进程，并且通过《粤港澳大湾区城际铁路建设规划（2020—2030 年）》这一契机，未来大湾区有望建成"一小时城轨交通圈"，有助于进一步改善由地理距离引起的大湾区经济发展不平衡现象。正如国内一些学者的研究结论，距离目前已不再是影响大湾区协同发展的主要因素。

七、分析总结

若将大湾区综合性国家科学中心看作一个"年轻"的创新生态系统，那么作为主阵地的深圳就是其中高层次人才最为密集、创新资源最为集中、产业门类最为齐全、综合实力最为强劲的"中心位"。从上述论述也可以看出，深圳在经济总量、产业结构、专利、研发投入、科研机构、制度环境等方面均"出类拔萃"，地位一时无可撼动。除深圳外，香港拥有众多世界顶尖名牌大学，基础研究实力雄厚，广州、佛山等城市也在湾区发展中发挥着一定的"龙头"引领作用。尽管有深圳、香港等超级大都市的辐射与溢出，但大湾区内部发展差距依然较大，存在创新资源"虹吸力"明显、同质化竞争与资源错配现象突出等问题。为了更好地解决这些问题，建议从以下几方面做出更多努力。

一是统筹制度与规则的衔接。在"区域规划＋行政协议＋联席会议＋专责小组"的协同治理框架下，进一步发挥联席会议制度和各类专责小组的功能，从三地政府层面建立完善统一的协商机制与合作对话机制，以制度的统一性解决大湾区内诸如科技创新、产业分工、基础设施布局等协同问题，强化城市间政策与规则的有效衔接，切实做到跨境治理顶层设计与各城市间直接对话的有机结合。二是促进区域产业良性互动。建议以深圳作为核心引擎，联合惠州、东莞等周边城市，建设世界级先进制造业产业集群；将佛山、广州的装备制造业转移至肇庆，带动肇庆产业转型升级；以珠海作为核心引擎，联合江门、中山就装备制造业等开展深度合作，实现从"制造"到"智造"的升级之路；广深港莞佛探索联手打造科技创新共同体，协同开展重大科技项目及核心技术攻关；香港、澳门可为珠三角 9 个城市提供外贸窗口与高端服务，降低企业的运营成本。三是加强科技创新合作对接。强化各创新主体间的产学研深度融合。推动大湾区内高校、科研院所、企业的互联互动，使教育、科研、产业很好地融合起来。借鉴美国硅谷斯坦福研究园成功经验，支持大湾区内企业联合建立产业园区，形成紧密结合的产学研体系与产业链条，以园区为载体推动科技创新；支持联合开展高水平重大研究活动，举办国际高水平学术会议以及粤港澳大湾区科技创新论坛等学术交流活动，提升大湾区内高校、科研院所、企业的交流频率和交流深度，减少创新主体间的合作成本。四是进一步推动空间协同治理。在空间发展合作的布局规划上，2021年10月6日，香港特首林郑月娥的年度施政报告将首次提出的在空间观念上跨越深港两地行政界线的"北部都会区"以及"双城三圈"概念摆在十分重要的位置。目前大湾区各城市的空间规划存在着一定的交叉重叠，香港、深圳等中心城市正由向心集聚发展模式向集聚与扩散的博弈模式转变。如何在重叠交叉的空间规划与区域定位中找准自身角色定位，充分发挥"邻里效应"，笔者认为，重点是要进一步增强中心城市的极点带动能力，继续以香港—深圳（带动东莞、惠州）、广州—佛山（带动肇庆）、澳门—珠海（带动中山、江门）的模式引领大湾区建设发展，突出中心城市的空间枢纽作用与辐射作用，激发中心城市的资源禀赋比较优势。

第六章

四大综合性国家科学中心的比较研究

关于四大综合性国家科学中心的比较研究，2021年12月在中国知网检索相关文献，显示结果为空。一方面可能在于2020年7月国家部委才批复了大湾区综合性国家科学中心的建设方案，在有限时间内尚未有学者系统性地围绕这一研究方向阐述自己的观点；另一方面可以看出，现有研究成果更多地停留于"理想"层面，落地实施的"实用性"不够，抑或"实用性"只是聚焦于对某一个综合性国家科学中心建设过程中的思考与建议，未曾充分考虑彼此间的协同发展问题。因此，对于本书的研究来说，已有文献的不足虽不利于笔者在总结和继承前人成果的基础上加以补充和创新，但以全新的视角和站位来思考并讨论这一问题，也未尝不是本书的创新点之一。

第一节　顶层设计比较

在科技创新大版图上，张江综合性国家科学中心、合肥综合性国家科学中心、怀柔综合性国家科学中心、大湾区综合性国家科学中心这四个代表创新发展最高水准的坐标分别位于我国的东部、中部、北部和南部，形成了相对平衡的空间格局，共同构筑起我国建设科技强国的战略支点。四大综合性国家科学中心是国家创新体系建设的基础平台，也是实现高质量发展的重要保障，在顶层设计层面尽管各有侧重、各具特色，但必然并行不悖、相辅相成（见表6–1）。

表6–1　　　　　　　　四大综合性国家科学中心顶层设计比较

类别	张江	合肥	怀柔	深圳
批复时间	2016年2月	2017年1月	2017年5月	2020年7月
建设单位	上海市主建，中科院和重点高校参与	安徽省联合中科院共建	北京市联合中科院共建	深圳市联合中科院共建
建设模式	政府主导	政府主导	政府主导	政府主导
组织架构	成立上海推进科技创新中心建设办公室；成立上海张江综合性国家科学中心办公室与上海市张江科学城建设管理办公室；院市联合成立张江实验室管委会	成立合肥综合性国家科学中心理事会，建立"理事会—领导小组—专设机构—专项工作推进组"工作机制；成立合肥综合性国家科学中心办公室，安徽省政府、中科院合作建设领导小组和专家咨询委员会	成立北京推进科技创新中心建设办公室；成立中共北京市委怀柔科学城工作委员会、北京怀柔科学城管理委员会；成立北京怀柔综合性国家科学中心理事会	成立深圳市推进大湾区综合性国家科学中心建设领导小组及办公室；成立深圳市光明科学城规划建设领导小组与光明科学城建设指挥部
市场化开发主体	上海张江（集团）有限公司	合肥大科学装置集中区建设有限公司	北京怀柔科学城建设发展有限公司	光明科学城发展建设集团、光明科学城产业发展集团有限公司
经费保障	政府主导为主，社会力量为辅	政府主导为主，社会力量为辅	政府主导为主，社会力量为辅	政府主导为主，社会力量为辅
规划文件	《上海市张江科学城发展"十四五"规划》《张江科学城建设规划》	《合肥综合性国家科学中心实施方案（2017—2020年）》《合肥滨湖科学城总体规划（2018—2035年）》	《"十四五"时期北京怀柔综合性国家科学中心发展规划》《怀柔科学城规划（2018—2035年）》《怀柔科学城科学规划（2018—2035年）》	《深圳市建设大湾区综合性国家科学中心先行启动区实施方案（2020—2022年)》《深圳光明科学城总体发展规划（2020—2035年）》《深圳市人民政府关于支持光明科学城打造世界一流科学城的若干意见》

综合性国家科学中心差异化协同发展研究

类别	张江	合肥	怀柔	深圳
核心载体	张江科学城	滨湖科学城	怀柔科学城	光明科学城
核心载体规划面积	220平方千米	491平方千米	100.9平方千米	99平方千米
核心载体空间布局	"一心两核、多圈多廊"空间格局。"一心"即张江城市副中心，"两核"即张江科学城南北"一主一副"科技创新核	"一带一轴二心多片"空间格局	"一心一核三片、一带一轴一网"空间格局。"一心"即科学城中心区，"一核"即科学城中心区北部的科学聚核；"三片"即科学城北区、南区、东区三片活力创新城区	"一心两区"空间格局。"一心"即光明中心区，"两区"即装置集聚区和产业转化区
目标定位	大师云集的科技创新策源地；硬核主导的高端产业增长极；共治共享的创新生态共同体；活力四射的国际都市示范区	国家基础研究和原始创新的重要承载者和策源地	与国家战略需要相匹配的世界级原始创新承载区	世界级大型开放原始创新策源地；粤港澳大湾区国际科技创新中心核心枢纽；综合性国家科学中心核心承载区；引领高质量发展的中试验证和成果转化基地；深化科技创新体制机制改革前沿阵地
侧重研究方向	侧重应用基础研究，聚焦产学研协同创新与体制机制创新	基础研究	基础研究	侧重应用基础研究，聚焦创新成果产业化，注重开放共享与体制机制创新

注：以上资料搜集的时间截至2021年11月底。
资料来源：笔者整理。

一、建设单位比较

张江综合性国家科学中心由上海市主建、中科院和重点高校参与，合肥综合性国家科学中心由安徽省联合中科院共建，怀柔综合性国家科学中心由北京市联合中科院共建，深圳综合性国家科学中心则由深圳市联合中科院共建，可以看出，中科院是建设综合性国家科学中心的重要主体。此外，张江科学城依托的上海科技大学是上海市政府与中科院共建的高校，滨湖科学城依托的中国科学技术大学是中科院主办的大学，光明科学城依托的中科院深圳理工大学是深圳市政府与中科院合办的高校，怀柔科学城的建设也主要借助中国科学院大学的创新资源，因此，四大综合性国家科学中心核心载体的建设也都是依托中科院的科研创新资源。概而言之，中科院作为拥有 11 个分院、100 多家科研院所、3 所大学、130 多个国家级重点实验室和工程中心、承担 30 余项国家重大科技基础设施建设运营管理①的自然科学的最高学术机构，是不可替代的国家战略科技力量，也是深度参与四大综合性国家科学中心建设发展的重要机构，发挥着举足轻重的作用。

二、建设模式比较

在四大综合性国家科学中心的诞生之初，其规划布局、战略定位、发展目标以及资源配置等无不由政府主导且体现着国家意志，政府的扶持与政策倾斜对其建设发展是一项重大利好，类似于印度的班加罗尔。随着未来步入常态化稳定发展时期，其建设模式也将会转换为政府支持与市场调节相辅相成，缺一不可，这一时期更需寻求两者之间的最佳平衡点，使其良性互动而非相互掣肘。例如，政府应更多地发挥宏观规划、资金支持、政策优惠、协调引导等作用，扮演"裁判员"而非"运动员"角色；综合性国家科学中心应抓住机遇，瞄准科技前沿与国家重大需求，在政府扶持的基础上实现自身进步与规模发展。

三、组织架构比较

组织举国性的关键核心技术攻关需要有强有力、超常规的领导机构与组织架构。从组织架构来看，综合性国家科学中心是一个开放的复杂巨系

---

① 中国科学院官网（2021 年 11 月更新）。

统，其组织结构具有多维度、非线性、复杂性等特点，一方面需要整体统一规划、组织、协调、管理、运营；另一方面各创新主体（高校、科研院所、创新平台、企业）又是独立运营的，需要与整体运作相互交错。综合性国家科学中心的整体管理既需要直线职能制的组织结构，也需要与创新主体相互交错的矩阵式组织结构。第一，为建设上海、北京两个全国科技创新中心，国务院已成立由国务院副总理任组长的科创中心建设领导小组，下设上海、北京两大推进科技创新中心建设办公室（以下简称上海科创办、北京科创办）。其中，上海张江综合性国家科学中心办公室与上海市张江科学城建设管理办公室两者都设立于上海科创办，主要职能是承担统筹张江综合性国家科学中心建设的全局性、整体性工作，协调推进张江综合性国家科学中心建设相关政策规划、重大措施、重大项目及活动。第二，合肥综合性国家科学中心联合国家发展改革委、科技部、教育部等10个国家部委和单位共同成立了合肥综合性国家科学中心理事会，作为省部级层面的领导决策机制，建立了"理事会—领导小组—专设机构—专项工作推进组"的工作机制，此外，还成立了合肥综合性国家科学中心办公室，安徽省政府、中科院合作建设领导小组，成立专家咨询委员会等，进一步健全组织机制保障。第三，北京建立了多层次组织推进机构为怀柔综合性国家科学中心的建设提供强力保障，一是北京科创办由科技部部长和北京市市长共同担任主任，建立了"一处七办"的组织架构，"一处"即办公室秘书处，设在北京市科学技术委员会，"七办"即怀柔科学城等七个专项工作部门，形成了切实有效的工作机制；二是成立了怀柔科学城党工委和管委会；三是成立北京怀柔综合性国家科学中心理事会，由北京市市长和中科院院长共同担任理事会理事长，主要开展战略研究、咨询论证，以及提供优化方案和决策建议。第四，深圳成立了市级层面的深圳市推进大湾区综合性国家科学中心建设领导小组、深圳市光明科学城规划建设领导小组以及区级层面的光明科学城建设指挥部，为深圳市以主阵地推进大湾区综合性国家科学中心建设做好工作机制保障。

四、市场化开发主体比较

综合性国家科学中心的建设面临项目体量大、建设周期长、质量要求高等压力和挑战，需要打造一个承担总体建设任务的市场化开发主体，才能够有效满足高水平规划、市场化融资、可持续建设、培育新兴产业等需求。迄今为止，张江、合肥、怀柔、深圳分别成立了上海张江（集团）有限公司、合肥大科学装置集中区建设有限公司、北京怀柔科学城建设发展有限公司以及光明科学城发展建设集团等市场化开发主体，统筹承担重大科技基础设施及相关区域建设任务。

五、建设经费保障比较

目前四大综合性国家科学中心均形成以政府主导为主，社会力量为辅的支持科学中心建设与科学研究开展的经费保障机制。例如，通过实地调研可知，怀柔综合性国家科学中心的大科学装置、研发平台以及城市基础配套设施已形成明确的投资建设事权：一是国家布局的大科学装置和中科院布局的科教基础设施，国家出资80%，市政府或中科院出资20%；二是北京市与高校共建的研发平台，市政府出资80%，高校出资20%；三是北京市建设的研发平台，市政府出资90%，区政府出资10%；四是主次干道路以及水务设施建设，全部由市政府出资；五是园林绿化、轨道交通、智慧城市等其他基础配套设施，分别由市、区政府和社会力量按不同比例出资建设。再如，安徽省、合肥市协同发力做好资金兜底，省市均设立用于合肥综合性国家科学中心建设的专项资金，资助安排按照省市1∶2进行分摊。具体而言，对国家实验室、国家重大科技基础设施的建设资金，除去国家拨款的资金部分外，其余由省、市共同兜底；对前沿交叉研究平台的建设资金，省市按照不超过项目总投资的50%予以支持；对成果转化项目的建设资金，省市按照不超过项目总投资的30%予以支持。合肥市对综合性国家科学中心各类科研项目的土建、装修等配套工程予以全额兜底。

六、发展规划比较

规划先行是建设综合性国家科学中心的必要指引。从规划文件来看，目前上海已印发《上海市张江科学城发展"十四五"规划》《张江科学城建设规划》，明确了"坚持以国际一流为目标、以创新策源为核心、以创新人才为根本、以开放创新为优势、以自主创新为动力"的"五个坚持"基本原则。合肥已出台《合肥综合性国家科学中心实施方案（2017—2020年)》《合肥滨湖科学城总体规划（2018—2035年)》，提出建设国家实验室、重大科技基础设施集群、交叉前沿研究平台和产业创新转化平台、"双一流"大学和学科的"2+8+N+3"多层次创新体系。怀柔在综合性国家科学中心建设方案获批后，第一时间确立了"1+3+N"规划建设体系："1"即怀柔科学城规划（2018—2035年)，"3"即怀柔科学城科学规划、空间规划和国家重大科技基础设施规划3个分规划，"N"即产业、人才、环境等若干专项规划和专题研究，对怀柔科学城有序开发建设具有极强指导意义，除此之外，正在研究编制《"十四五"时期北京怀柔综合性国家科学中心发展规划》。深圳市已编制《深圳市人民政府关于支持光明科学城打造世界一流科学城的若干意见》《深圳光明科学城总体发展规划（2020—2035年)》《深圳市建设大湾区综合性国家科学中心先行启动区实施方案（2020—2022年)》等文件，系统部署了深圳作为大湾区综合性国家科学中心主阵地的建设推进机制以及近三年工作要点，并明确了光明科学城作为大湾区综合性国家科学中心先行启动区的发展目标、总体布局以及建设任务等。

七、目标定位比较

从核心载体与目标定位来看，四大综合性国家科学中心均将科学城作为其核心承载区，集聚创新资源，推动科技创新。其中，"怀柔科学城"致力于打造"百年科学城"；"张江科学城"致力于打造"国际一流科学城"；"滨湖科学城"与"光明科学城"同样致力于打造"世界一流科学城"，这四个科学城都有着明晰的发展战略规划，通过建设国家实验室、高校、科研院所以及重大科技基础设施等创新平台，产出大量的基础科学研究成果和引领性原创成果，将科学城与综合性国家科学中心的建设发展融为一体，使科学城实实在在地成为科学中心建设的"托举力量"。在目标定位上，滨湖科学城与怀柔科学城较为类似，都重点强调打造基础研究和原始创新的承载区与策源地，更加注重"基础研究"。张江科学城把强化科技创新策源功能作为建设主线，集中力量打造高端产业增长极、创新生态共同体以及国际都市示范区；光明科学城在明确打造世界级大型开放原始创新策源地这一目标的同时，也提出了深化科技创新体制机制改革、打造中试验证和成果转化基地等发展方向。综上所述，张江科学城与光明科学城更加强调产学研深度融合，注重"应用基础研究"。

第二节　科技创新资源配置比较

综合性国家科学中心一方面需要在创新资源上具有集中度，另一方面需要在创新成效上体现显示度（钱智等，2017）。从组成要素角度来看，综合性国家科学中心是由相互作用和相互依赖的各类创新主体与设施集群结合而成的具有特定功能的有机整体。因此，本节所指的综合性国家科学中心科技创新资源配置情况，主要是在以服务国家重大科技需求为使命，聚焦基础研究与应用基础研究领域的前提下，着力布局建设的创新型大学、实验室、科研院所、创新平台以及科技基础设施等，这些科研资源配置具有一定的稀缺性与不可替代性，在构筑区域协同创新网络中发挥着核心引擎的作用。通过对四地资源配置的对比研究，可以发现既有共性特征，又各有所长（见表6－2）。

表6－2　　　　　　四大综合性国家科学中心科技创新资源配置比较

类别	张江	合肥	怀柔	深圳
聚焦学科	生命、材料、环境、能源、物质	信息、能源、健康、环境	物质、信息与智能、空间、生命、地球系统	信息、生命、新材料
主体架构	1＋N＋4	2＋8＋N＋3	1＋1＋1＋1	9＋9＋2＋2
国家实验室	张江国家实验室	国家同步辐射实验室、合肥国家实验室	怀柔国家实验室	鹏城国家实验室

续表

类别	张江	合肥	怀柔	深圳
国家重点实验室以及省部级实验室	张江药物实验室、国家时间频率计量中心上海实验室等	中国科学院核探测与核电子学国家重点实验室、火灾科学国家重点实验室、稀土永磁材料国家重点实验室、建筑健康监测及灾害预防技术国家地方联合工程实验室、语音及语音信息处理国家工程实验室、特种显示国家工程实验室、磁约束聚变安徽省实验室、先进光子科学技术安徽省实验室等	物质和空间科学实验室、空间科学实验室等	深圳湾实验室、人工智能与数字经济广东省实验室（深圳）、岭南现代农业科学与技术广东省实验室深圳分中心等3个省级实验室，马歇尔生物医学工程实验室、内尔神经可塑性实验室、索维奇智能新材料实验室、杰曼诺夫数学中心等11个诺奖（图灵奖、菲尔兹奖）实验室
高校	上海科技大学、复旦大学（张江校区）、上海交通大学（张江校区）、上海中医药大学、中国美术学院上海设计学院、杜兰—张江国际商学院	中国科学技术大学、合肥工业大学、安徽大学	中国科学院大学	深圳大学、南方科技大学、清华—伯克利深圳学院、香港大学（深圳）、香港中文大学（深圳）、哈尔滨工业大学（深圳）、清华大学深圳国际研究生院、北京大学深圳研究生院、中山大学深圳校区、中科院深圳理工大学等
科研院所	中国科学院上海各研究院、中国航空研究院上海分院、上海量子科学研究中心、李政道研究所、朱光亚战略科技研究院、中国科技大学上海研究院、上海交通大学张江高等研究院、上海张江高校协同创新研究院等	中科院合肥物质科学研究院、综合性国家科学中心能源研究院、人工智能研究院、大健康研究院、环境研究院、中国电子科技集团第三十八研究所等	高能物理研究所、北京纳米能源与系统研究所、国科大怀柔科学城产业研究院、雁栖湖应用数学研究院、北京干细胞与再生医学创新研究院等18家中科院院所	深圳综合粒子设施研究院、深圳市神经科学研究院、深圳合成生物学创新研究院、中国计量科学研究院技术创新研究院、深圳量子科学与工程研究院、深圳数字生命研究院、深圳人工智能与机器人研究院、深圳先进电子材料国际创新研究院、深港脑科学创新研究院等

类别	张江	合肥	怀柔	深圳
国家级创新中心	长三角国家技术创新中心	国家智能语音创新中心	国家动力电池创新中心	国家第三代半导体技术创新中心、国家高性能医疗器械创新中心、国家5G中高频器件创新中心
前沿交叉研究平台	张江复旦国际创新中心、脑科学与类脑研究中心等	物质科学交叉前沿研究中心、地球和空间科学前沿研究中心、医学前沿科学和计算智能前沿技术研究中心、大基因中心、天地一体化信息网络合肥中心、合肥微尺度物质科学国家研究中心等	先进光源技术研发与测试平台、北京激光加速创新中心、清洁能源材料测试诊断与研发平台、介科学与过程仿真交叉研究平台、北京分子科学交叉研究平台、轻元素量子材料交叉平台、脑认知机理与脑机融合交叉研究平台等13个交叉研究平台	深圳国家应用数学中心、国家超级计算深圳中心二期、光明科学城大数据中心、广东省石墨烯创新中心、国家分布式光伏发电系统质量监督检验中心(广东)、国家电动汽车产业计量中心等
重大科技基础设施	8个：超强超短激光实验装置、软X射线自由电子激光试验装置、软X射线自由电子激光用户装置、硬X射线自由电子激光装置、上海同步辐射光源、蛋白质科学研究(上海)设施、活细胞结构与功能成像等线站工程、上海光源线站工程暨光源二期	11个：全超导托卡马克核聚变实验装置、稳态强磁场实验装置、合肥先进光源、聚变堆主机关键系统综合研究设施、量子空地一体精密测量、大气环境立体探测实验研究设施、超导质子医学加速器等	5个：地球系统数值模拟装置、综合极端条件实验装置、高能同步辐射光源设施、多模态跨尺度生物医学成像设施、空间环境地基综合监测网(子午工程二期)	9个：综合粒子设施、合成生物研究设施、脑解析与脑模拟设施、特殊环境材料器件科学与应用研究设施、材料基因组设施、精准医学影像设施、工业互联网创新基础设施、光电子信息科学与技术研究设施、化学与化学生物学研究设施

注：以上资料搜集的时间截至2021年11月底。

资料来源：笔者整理。

一、聚焦学科比较

张江、合肥、怀柔和深圳依托所在地不同的科研机构配置，在重点学科领域上尽管各有倚重，但实则高度统一。例如，张江聚焦生命、材料、环境、能源、物质等学科，合肥聚焦能源、信息、健康、环境等学科，怀柔聚焦物质、空间、生命、地球系统、信息与智能等学科，深圳则侧重于信息、生命、新材料等学科，四地在发展生命、信息、材料、能源制约全人类进步的四大支柱技术上趋向一致。由于这四方面技术主要涉及物理、化学、数学、生物等传统学科，这些学科在国外已累积数百年发展历史，我国起点低、实力相对较弱，要想迎头赶上仍需时日。因此，四大综合性国家科学中心重点聚焦这几大领域的宗旨就在于强化原始创新能力，解决核心技术受制于人的隐患，以科技创新推动人类社会不断进步。

二、建设主体架构比较

张江综合性国家科学中心依照"1＋N＋4"的主体架构，布局建设一个大科学装置群，聚焦能源科技、生命科学等 N 个研究方向，按照实验室、研究机构和平台、创新网络、大型科技行动计划等"四大支柱"有序推进。合肥综合性国家科学中心致力于构建"2＋8＋N＋3"创新体系，即两个国家实验室，8 个大科学装置，N 个前沿交叉平台和产业创新转化平台，以及 3 个双一流大学和学科。怀柔综合性国家科学中心建设的主体架构可归纳为"1＋1＋1＋1"，即 1 批重大科技基础设施，1 批高端研发平台，1 批顶尖人才以及 1 批世界级科学研究机构。作为大湾区综合性国家科学中心先行启动区，深圳光明科学城着力推动"9＋9＋2＋2"落地建设，即 9 个大科学装置，9 个新型科研平台，2 所实验室以及 2 所研究型大学。四地均强调了大科学装置的培育建设，怀柔还突出了人才的重要性。

三、现有实验室资源比较

在我国科研实验室体系中，国家实验室是等级最高、实力最强、数量最少的承担国家重大科研任务的国家级研究机构，不仅代表了一国相关领域的最高科技水平，更是综合性国家科学中心开展原始创新的关键依托力量。在四大综合性国家科学中心的国家实验室建设方面，合肥独占鳌头，实力最为强劲，目前拥有正式运行的国家同步辐射实验室和合肥国家实验室两家。其中合肥国家同步辐射实验室是新中国第一个国家实验室，为我国打开多领域科学探索提供了强大的平台支撑；合肥国家实验室为量子信息与量子科学领域国家实验室，致力于突破以量子信息为主导的第二次量子革命的前沿科学问题与核心关键技术。此外，怀柔、张江、深圳也瞄准各自优势领域，集中顶级科研力量，高标准建设国家实验室，截至目前，怀柔综合性国家科学中心围绕能源领域布局的国家实验室已正式挂牌；张江国家实验室、鹏城国家实验室也相继正式挂牌成立，从而填补了"国之重器"的空白。

四、科教实力比较

"成为世界科技强国，成为世界主要科学中心和创新高地，必须拥有一批世界一流科研机构、研究型大学、创新型企业，能够持续涌现一批重大原创性科学成果。"[1] 除实验室以外，高水平大学、科研院所以及各类创新平台作为人才培养、科学研究的重要基地，也是建设综合性国家科学中心的核心主力。就目前来看，怀柔、合肥、张江、深圳四地已集聚以北京纳米能源与系统研究所、中国科学院上海分院、李政道研究所、中国科学院合肥物质研究院、中国计量科学研究院技术创新研究院等为代表的多个一流科研院所集群，以及以长三角国家技术创新中心等国家级创新中心，脑科学与脑类研究中心、合肥微尺度物质科学国家研究中心等前沿交叉研究平台为代表的一流创新平台，科技创新实力均属国内顶尖水平。但在高校建设方面，优质教育资源却相对匮乏，怀柔目前仅有中国科学院大学一所研究型高校，由于北京市拥有北京大学、清华大学等众多顶级高校，更是中国科学院、中国工程院总部所在地，在学科建设与基础研究等领域具备绝对优势，在很大程度上为怀柔综合性国家科学中心夯实了科研基础。张江亦同理，尽管本地的高水平研究型大学及重点学科寥寥可数，但上海

[1] 2016年5月30日，中共中央总书记、国家主席习近平在全国科技创新大会、两院院士大会、中国科协第九次全国代表大会上的讲话。

市拥有复旦大学、上海交通大学、同济大学等名校，且有不少大学已在张江建立分校，辐射带动效应显著。合肥目前已形成以中国科学技术大学、合肥工业大学、安徽大学等为代表的一流大学或学科建设方阵，作为中科院直属大学，中国科学技术大学对于合肥打造出属于自己的创新体系，进而成为国家四大科教基地之一，四大综合性国家科学中心之一而言，可以说是功不可没。深圳是一座只有 41 岁的年轻城市，但其科教实力亦不甘示弱，南方科技大学在 2022QS 世界大学排名中位居内地高校第 13 位，世界排名并列 275 名；香港大学、香港中文大学、清华大学、北京大学、中山大学、哈尔滨工业大学等顶级名校纷纷在深圳设立校区或研究生院，助力深圳成为新的一块高等教育的热土。

五、重大科技基础设施建设运营比较

在大科学装置建设方面。从党的十八大国务院印发《国家重大科技基础设施建设中长期规划（2012—2030 年）》以来，四地均已基本形成定位清晰、高度密集、功能强大的大科学装置集群。截至目前，在张江科学城范围内共布局 8 个光子科学相关大科学装置，已建成上海同步辐射光源、蛋白质科学研究（上海）设施、软 X 射线自由电子激光试验装置、软 X 射线自由电子激光用户装置、超强超短激光实验装置、活细胞结构与功能成像等线站工程 6 个装置，其余 2 个仍处于建设中。怀柔综合性国家科学中心共布局 5 个大科学装置，其中地球系统数值模拟装置落成启用提前 1 年投入试运行，综合极端条件实验装置土建工程验收进入科研状态产出科研成果，另外 3 个仍处于建设中。合肥综合性国家科学中心的 11 个大科学装置均是依托中科院开展建设运维管理，由中科院条件保障与财务局下设的重大科技基础设施处统一负责具体实施，更好地实现了"科学家一心做科研，其他琐事由地方政府兜底解决"。其中同步辐射、全超导托卡马克、稳态强磁场 3 个大科学装置已建成，其余均处于筹建或在建状态。深圳光明科学城由于起步较晚，当前 9 个大科学装置普遍处于在建或前期谋划状态，预计投入运营时间整体较晚。

在大科学装置运营方面。目前已投入运营的大科学装置均硕果累累。

例如，合肥创新大科学装置边建设边运营模式，一方面持续优化装置性能，另一方面在装置运营期间持续产出一批原创性科研成果。此外，合肥的全超导托卡马克装置屡创世界纪录，先后实现 101.2 秒稳态长脉冲高约束等离子体运行及等离子体中心电子温度达 1 亿摄氏度（李红兵，2020）。例如，利用蛋白质科学研究（上海）设施，中国科学院微生物研究所在研究埃博拉病毒入侵机制的基础上，发现了一种全新的病毒膜融合激发机制，在很大程度上阻断了埃博拉病毒的入侵，同时在《细胞》上发表论文，成为国际病毒学领域的一大突破（荣萍，2016）。例如，在新冠肺炎疫情期间，上海同步辐射光源助力生物学家解析病毒关键蛋白的结构，为"抗疫"提供了强大的科技支撑。此外，上海同步辐射光源作为中国第一台中能第三代同步辐射光源，目前已建成 23 条线 34 个实验室投入运行，用户达到 3 万人，首批线站累计为用户提供实验机时超过 48 万小时，机时满足率仅 26%，其中给企业的机时只有 10% 左右，机时供不应求，目前已启动二期线站工程建设，预计 2022 年底全面建成。

在大科学装置资金投入方面。国家、省、市在科技设施上的大量投入与倾斜，构成了建设综合性国家科学中心的良好的硬件条件。怀柔综合性国家科学中心 5 个大科学装置 100 多亿元，国家投资超过 30%，其中多模态跨尺度生物医学成像设施的国家出资比例接近 80%。张江综合性国家科学中心的硬 X 射线自由激光一项装置的总投资就高达 100 多亿元，上海光源装置总投资也达到 14.3 亿元（荣萍，2016）。合肥综合性国家科学中心的大科学装置建设经费主要来源于国家发展改革委，地方支持部分科研资金和全部基建资金，设施资产由中科院具体承建设施的机构代持；运行经费由中科院条件保障与财务局统一向财政部申请，每年约占建设总投资的 10%；设施运维人员由中科院聘任管理，薪酬待遇、绩效考核、职称评定等按依托单位标准执行。具体来说，其聚变堆主机关键系统综合研究设施总投资 60 多亿元，其中国家出资占到 1/3，合肥先进光源预研也已获得安徽省、中科院 3.56 亿元资金支持。深圳光明科学城目前在建大科学装置大部分还未纳入国家大设施，资金投入仍以市级为主，较少获得国家投资，据了解，综合粒子设施一期前期投资测算约为 200 亿元。

六、小结

综合性国家科学中心是我国特有的综合创新生态系统，自 2016 年至今，大家对其认知仍处于"边干边学边探索"的阶段。通过对张江、合肥、怀柔、深圳四地科技创新资源的详细盘点，可从中看出尽管四地有各自的发展定位与建设特点，但在"综合性国家科学中心"这一统一的国家战略部署下，目前创新资源配置的聚焦点与发力点基本上如出一辙，即在更多的"同质性"中存在着些许的"差异性"。

关于"同质性"，除都是以国家使命为己任，以攻克"卡脖子"技术为目标，注重大科学装置的布局建设，注重国家实验室等顶尖科研平台的创建，注重政产学研用的深度融合以及在多学科交叉前沿领域实现原创性突破以外，有一个共性特点值得一提，那就是科技创新资源协同创新平台的建立。例如，合肥综合性国家科学中心为解决科技资源配置"碎片化"问题，在基于对未来全球技术变革和产业发展趋势认真研判的基础上，依托现有重大科技基础设施集群，会同中科大、中科院合肥物质科学研究院等高校、科研院所，布局了天地一体化信息网络合肥中心、超导核聚变中心、大基因中心等七大前沿交叉创新平台，这七大平台已成为合肥综合性国家科学中心建设的重要科研力量，有利于进一步打破传统科学研究的"围墙"，促进协同创新体系的构建。

关于"差异性"，除上面比较研究总结出的不同之处外，还表现为以下几个方面：一是依托的城市资源不同。上海浦东新区作为现代化、国际化城区，能够赋予张江综合性国家科学中心更多的国际化元素。深圳作为经济特区、改革开放的窗口以及中国特色社会主义先行示范区，也能够为综合性国家科学中心的建设汇聚更多的国内外高层次人才（团队）、项目以及国际化科技资源，并以制度改革释放创新活力。怀柔综合性国家科学中心虽属北京郊区，但同样可充分承接首都的人才、产业、科教、金融等资源外溢，实现资源整合。合肥是中部省会城市，尽管国际化程度不高、经济发展与产业结构不甚理想，但其科教资源优势突出。二是创新资源集聚路径不同。从时间轴来看，北京、上海、合肥等地历史文化悠久，科教资源传承深厚，众多高校及科研院所与祖国同舟共济，跨越历史长河，集百年之大成，当地的高校数量、办学质量、科研水准、创新理念等无不体现着百年的分量所在以及未来所重，是其他新兴地区无法比拟的，创新资源集聚路径属"深度集聚"。同时，深圳在短短 40 年时间里有计划地汇聚了众多国内外知名高校与科研院所，以弥补当地科研力量的不足与文化底蕴的缺失，但这一"粗放型"引进资源的模式还无法完全精准地匹配深圳的城市定位与发展需求，创新资源集聚路径属"速度集聚"。三是辐射带动效应不同。前面研究表明，综合性国家科学中心与周边区域彼此之间存在着双向辐射。其中，张江综合性国家科学中心与怀柔综合性国家科学中心均是本市建设具有全球影响力的国际科技创新中心的重要阵地之一，深圳是建设粤港澳大湾区国际科技创新中心的重要阵地之一，也是建设大湾区综合性国家科学中心的主阵地，三地均承担科技创新中心整体建设中的局部任务，与本市其他区域或湾区城市群其他城市的联动性与辐射作用较强。而合肥综合性国家科学中心则是举全省之力、集中全省优质资源集中发展，虽与周边城市也互动发展，但联动性与辐射作用相对较弱。因此，张江、怀柔、深圳综合性国家科学中心的"中心度"相对更强，而合肥综合性国家科学中心的"综合性"则相对更强。

第三节　科技创新能力及绩效比较

关于科技创新能力的横向比较，本节依旧从创新投入与创新产出两个维度来展开。由于对不同地区进行横向比较的前提是具有一致的统计指标与统计口径，而张江、合肥、怀柔、深圳这四个具有不同行政级别的区域的统计年鉴往往缺乏规范、统一的指标体系与数据量纲。因此，为确保数据的可获得性，这一部分将选择四大综合性国家科学中心所在城市——上海、安徽、北京、广东四地的相关数据，以大见小地对综合性国家科学中心的科技创新能力及绩效进行比较研究，所选用数据全部来源于 2016～2020 年度《中国科技统计年鉴》。

一、科技创新能力比较

（一）创新主体高度集中且地域根植性较深

综合性国家科学中心建设的关键在于人才、高校、科研院所、高新技术企业等创新主体，这些元素也是创新投入的重要组成部分。从研发人员规模来看，广东最多，北京、上海次之，安徽最少，四地研发人员数量均呈逐年上升趋势。从研发人员增速来看，仍旧是广东增速最高，北京次之，上海、安徽增速不甚明显。2015～2019年，广东研发人员数量从68万人发展至100万人，增长1.6倍，增幅最大；北京研发人员数量从35万人发展至46万人，增长1.3倍；上海、安徽也分别增长了1.4倍、1.3倍。科技创新本质上是人才驱动，因此，大规模的科研人员队伍支撑起了四大综合性国家科学中心的建设发展（见图6－1）。

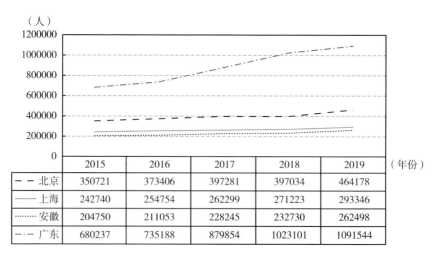

（人）	2015	2016	2017	2018	2019
— — 北京	350721	373406	397281	397034	464178
—— 上海	242740	254754	262299	271223	293346
……… 安徽	204750	211053	228245	232730	262498
—·—广东	680237	735188	879854	1023101	1091544

图6－1 2015～2019年北京、上海、安徽、广东研发人员数量变化
资料来源：2016～2020年度《中国科技统计年鉴》。

从研发机构与高校数量之和来看，北京总量最多，广东次之，安徽、上海最少。2019年，北京的科研机构总量比上海多281个，比安徽多265个，具有明显的领先优势。2015～2019年，除广东科研机构数量略有增加外，其他三地均稳中有降（见图6－2）。北京丰富优质的科教资源也具有强大的辐射带动力，可以为怀柔综合性国家科学中心的建设带来诸多创新与发展优势；同样，广东作为科技强省，深圳的快速发展少不了对周边城市的科研资源产生"虹吸效应"；安徽的科研机构尽管略少，但大多集中于举全省之力建设的合肥综合性国家科学中心，而不是像北京、广东一样资源分布相对分散，张江同理。

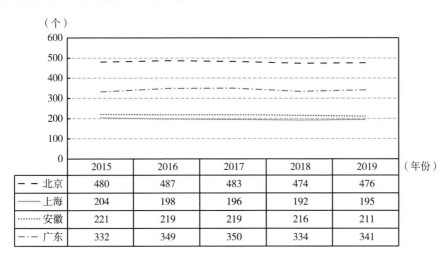

图6－2　2015～2019年北京、上海、安徽、广东科研机构数量变化

资料来源：2016～2020年度《中国科技统计年鉴》。

从高技术产业企业数量来看，广东一骑绝尘，不论是总量还是增速都具备绝对优势。高技术企业数量是衡量区域经济活力与创新程度的重要指标之一，这也印证了广东经济、产业发达的现状。此外，其他三地企业总量较少，增幅也未有明显变化。具体来看，北京从2015年的805家增长至2019年的853家，五年间仅增加48家，增幅为5.96%；上海从2015年的1020家增长至2019年的1111家，五年增长仅91家，增幅为8.92%；安徽从2015年的1198家增长到2019年的1466家，五年增长268家，增幅为22.37%，仅次于广东（见图6－3）。

（二）研发经费支出逐年递增且区域间差距较大

从研发经费内部支出来看，四地研发经费内部支出逐年递增，但相互之间规模差距较大，其中广东支出最多，其次是北京与上海，而安徽一直

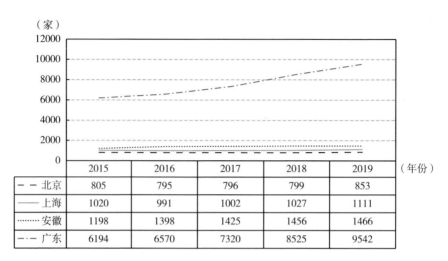

图6-3 2015～2019年北京、上海、安徽、广东高技术产业企业数量变化

资料来源：2016～2020年度《中国科技统计年鉴》。

处于最低水平。2015～2019年，安徽研发经费内部支出从431.8亿元增长至754亿元，涨幅约为74.62%，增速在四地中处于领先；广东研发经费支出涨幅仅次于安徽，约为72.31%；北京从1384亿元增长至2233.6亿元，涨幅约为61.39%；上海从936.1亿元增长至1524.6亿元，涨幅与北京相去无几，约为62.87%（见图6-4）。

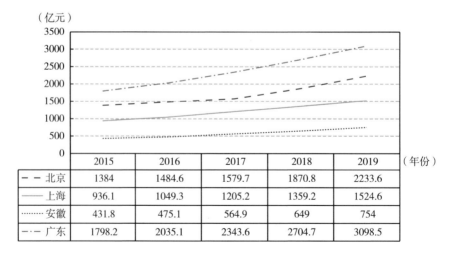

图6-4 2015～2019年北京、上海、安徽、广东研发经费内部支出变化

资料来源：2016～2020年度《中国科技统计年鉴》。

从研发经费内部支出结构来看，四地在基础研究、应用研究和试验发展领域研发支出均呈逐年递增趋势，但也表现出试验发展支出 > 应用研究支出 > 基础研究支出的特点，即基础研究投入普遍较低。具体来看，北京在基础研究和应用研究领域支出占比相对较高，上海其次，安徽与广州则在试验发展领域支出占比较高。此外，北京、上海、广东的基础研究支出占比一直处于上扬状态，安徽在 2015～2018 年的基础研究支出比例也在不断提升，这说明在建设综合性国家科学中心的使命下，在对基础研究的需求愈发强烈的态势下，四地对基础研究越发重视（见表 6-3）。

表 6-3　　　北京、上海、安徽、广东研发经费内部支出结构变化　　　单位：%

地区	领域	2015 年	2016 年	2017 年	2018 年	2019 年
北京	基础研究	13.80	14.23	14.71	14.85	15.92
	应用研究	23.00	23.45	22.90	22.07	25.25
	试验发展	63.20	62.32	62.39	63.08	58.83
上海	基础研究	8.22	7.40	7.67	7.78	8.88
	应用研究	13.65	12.49	12.64	12.46	13.05
	试验发展	78.13	80.11	79.69	79.76	78.07
安徽	基础研究	5.63	5.73	6.55	6.52	5.25
	应用研究	7.76	6.71	8.14	7.84	8.06
	试验发展	86.61	87.56	85.31	85.64	86.69
广东	基础研究	3.01	4.23	4.67	4.26	4.58
	应用研究	9.18	8.08	9.20	8.52	7.98
	试验发展	87.81	87.69	86.13	87.22	87.44

资料来源：根据 2016～2020 年度《中国科技统计年鉴》计算而得。

（三）创新产出不断提升且在不同环节表现各异

在研发环节，从专利授权量来看，广东专利授权量依旧位列第一且涨幅最大，北京次之，上海与安徽无论总量还是涨幅均处于相对落后的状态。具体来看，广东从 2015 年的 241176 件增长至 2019 年的 527390 件，5 年间增幅高达 118.67%；北京从 94031 件增长至 131716 件，涨幅约为 40.08%；上海、安徽的涨幅则分别为 65.92%、39.78%，因此，安徽的专利授权量总量与涨幅均落后于其他三地（见图 6-5）。

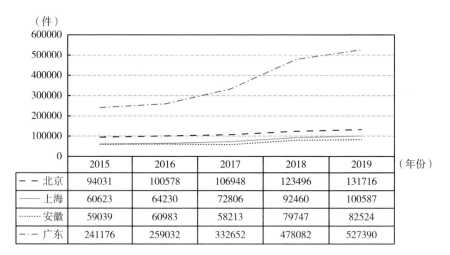

（件）

	2015	2016	2017	2018	2019
− − 北京	94031	100578	106948	123496	131716
—— 上海	60623	64230	72806	92460	100587
...... 安徽	59039	60983	58213	79747	82524
−·− 广东	241176	259032	332652	478082	527390

（年份）

图 6 – 5　2015 ~ 2019 年北京、上海、安徽、广东专利授权量变化

资料来源：2016 ~ 2020 年度《中国科技统计年鉴》。

　　在研发成果转化环节，从技术合同成交数量来看，北京一马当先，
2019 年成交数量高达 8 万余件，是上海的 2.3 倍，广东的 2.5 倍，安徽的
4.3 倍。通过增幅可知，5 年间北京的技术合同成交数量呈稳中攀升态势，
并于 2017 年达到顶峰；广东、上海前期增幅变化较为平稳，并于 2019 年
实现大幅跃升；而安徽则在整体增幅变化较为平稳的前提下，于 2019 年出
现下降趋势（见图 6 – 6）。

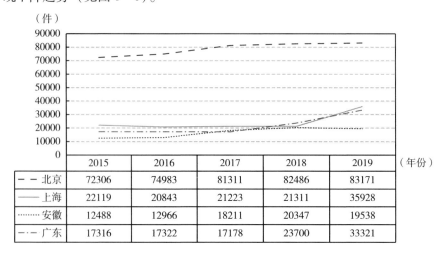

（件）

	2015	2016	2017	2018	2019
− − 北京	72306	74983	81311	82486	83171
—— 上海	22119	20843	21223	21311	35928
...... 安徽	12488	12966	18211	20347	19538
−·− 广东	17316	17322	17178	23700	33321

（年份）

图 6 – 6　2015 ~ 2019 年北京、上海、安徽、广东技术合同成交数量变化

资料来源：2016 ~ 2020 年度《中国科技统计年鉴》。

（四）小结

通过对各指标的对比分析，大致可以得出的结论是北京、广东无论是在创新产出还是创新投入方面均优于上海、安徽。北京是全国的政治中心、文化中心、国际交往中心、科技创新中心，具有人才资源、科技资源高度集聚的优势，创新实力毋庸置疑，有利于怀柔综合性国家科学中心创新能级的提升。广东是我国经济第一大省，有更多的资金投入研发活动上实属正常，在大力度进行创新投入的同时也带来了丰厚的创新产出，其中深圳是大湾区发展的"领头羊"，在创新投入与产出上远远领先其他城市。国有企业占据了上海产业的"半壁江山"，这类机构由于创新思想、动力、效率、品牌、环境等的缺乏，导致研发投入不足，城市整体创新能力有待提升，张江综合性国家科学中心是上海建设国际科技创新中心的关键举措，增强其科研机构同技术密集型经济实体的规模与投入，是张江乃至上海科技实力提升的必要条件。安徽的创新投入与产出尽管在四地不占优势，但合肥综合性国家科学中心实力却不容小觑，合肥是安徽集全省资源与财力重点打造的科教基地，近 5 年合肥专利申请授权量占安徽省 16 市专利申请授权总量比重大约为 1/3，研发强度一直保持在 3% 左右，因此，安徽省内区域创新发展的不平衡性是其整体科技创新能力相对较弱的根本原因。

二、科技创新绩效比较

本书对北京、上海、安徽、广东四地科技创新绩效的比较，将采用实证研究方法，通过量化数据得出有效的结论。

（一）科技创新绩效评价指标体系构建

1. 指标体系

对四地科技创新绩效的比较与评价，本节将在借鉴学术界现有研究成果的基础上，结合四地科技创新发展情况，共设立三级指标，包含一级指标 2 个，即科技创新投入与科技创新产出；二级指标 4 个，分别为研发经费投入、研发人员投入、科技产出以及产业产出；三级指标 8 个，分别为研发经费内部支出（基础研究）、研发经费内部支出（应用研究与试验发展）、研发人员数量、研发人员全时当量、国内三种专利授权量、技术合同成交数量、高技术产业新产品项目数、高技术产业新产品销售收入。

2. 数据来源

本节所用到的原始数据全部来源于 2016～2019 年度《中国科技统计年鉴》。

3. 分析方法

20 世纪 80 年代，华中理工大学邓聚龙教授首次提出了灰色系统理论，灰色关联分析方法便是其中一种适用于信息量较小，样本容量较小，且对数据要求较低的定量研究方法。其基本思想是根据因素之间发展趋势的相似或相异程度，来衡量因素间的关联程度。此外，灰色关联分析方法还具有计算简便、定性与定量分析结果基本一致、能较好地反映数据真实性等优点。

运用 DPS 灰色关联度分析方法对指标体系原始数据进行处理，主要过程如下：

第一步，选定参考序列与比较序列。将一级指标中的科技创新产出设为参考序列，将科技创新投入设为比较序列。

第二步，对指标数据进行无量纲化处理，分辨系数取 0.5。由于研究对象中各指标的作用与意义不同，数据的量纲也不同，无法进行直接比较。处理后的数据序列形成的矩阵为：

$$(x_0, x_1, \cdots, x_n) = \begin{pmatrix} x_0(1) & x_1(1) \cdots & x_n(1) \\ \vdots & \vdots & \vdots \\ x_0(m) & \cdots & x_n(m) \end{pmatrix}$$

第三步，逐个计算每个被评价对象比较序列与参考序列对应元素的绝对差值，即 $x_0(k) - x_i(k) \mid$（$k = 1, \cdots, m, i = 1m, \cdots, n$）。

第四步，分别计算每个比较序列与参考序列对应元素的关联系数。定义如下：

$$r[x_0(k),x_i(k)] = \frac{\min\limits_{i}\min\limits_{k}|x_0(k)-x_i(k)| + \xi\max\limits_{i}\max\limits_{k}|x_0(k)-x_i(k)|}{|x_0(k)-x_i(k)| + \xi\max\limits_{i}\max\limits_{k}|x_0(k)-x_i(k)|}$$

其中，ξ 为分辨系数，$0<\xi<1$。值越小，关联系数间差异越大，区分能力越强。在本节的分析中，令 $\xi=0.5$。

第五步，分别计算比较序列指标与参考序列对应元素的关联系数的均值，以反映各评价对象与参考序列的关联度：

$$r_i = \frac{1}{m}\sum_{k=1}^{m}r[x_0(k),x_i(k)]$$

第六步，分析结果。关联度值越大，说明比较序列与参考序列之间的紧密程度越高，科技创新绩效越高。

（二）科技创新绩效数据处理与比较分析

1. 数据处理结果

运用 DPS 数据处理系统的灰色关联分析程序，分别得出北京、上海、安徽、广东的科技创新投入与科技创新产出关联度分析结果，如表 6-4~表 6-7 所示。

表 6-4　　　　　　　　北京科技创新投入与产出关联度

项目	专利授权量	技术合同成交数量	新产品项目数	新产品销售收入	关联度均值
基础研究支出	0.542	0.569	0.528	0.573	0.553
应用研究与试验发展支出	0.538	0.528	0.444	0.597	0.527
研发人员数量	0.578	0.547	0.576	0.625	0.582
研发人员全时当量	0.575	0.552	0.582	0.619	0.582

表6-5 上海科技创新投入与产出关联度

项目	专利授权量	技术合同成交数量	新产品项目数	新产品销售收入	关联度均值
基础研究支出	0.523	0.471	0.550	0.527	0.518
应用研究与试验发展支出	0.370	0.558	0.565	0.545	0.510
研发人员数量	0.402	0.535	0.554	0.419	0.478
研发人员全时当量	0.418	0.534	0.535	0.433	0.480

表6-6 安徽科技创新投入与产出关联度

项目	专利授权量	技术合同成交数量	新产品项目数	新产品销售收入	关联度均值
基础研究支出	0.518	0.381	0.502	0.587	0.497
应用研究与试验发展支出	0.362	0.444	0.548	0.584	0.486
研发人员数量	0.490	0.571	0.410	0.454	0.481
研发人员全时当量	0.591	0.437	0.502	0.541	0.518

表6-7 广东科技创新投入与产出关联度

项目	专利授权量	技术合同成交数量	新产品项目数	新产品销售收入	关联度均值
基础研究支出	0.438	0.628	0.445	0.577	0.522
应用研究与试验发展支出	0.398	0.572	0.580	0.578	0.532
研发人员数量	0.379	0.570	0.610	0.405	0.491
研发人员全时当量	0.515	0.557	0.441	0.477	0.498

2. 比较分析

（1）基础研究投入与科技创新产出的关系。基础研究通常无法实现直接产业化的跨越，其中间过程往往需要专利的扩散效应与"保驾护航"。由表中数据可知，基础研究投入与专利授权量关联度最高的是北京，说明北京的基础研究投入有效地促进了专利授权量的提升；技术合同登记是科技创新工作中重要一环，基础研究投入对技术合同成交量效用最高的是广东，体现出基础研究投入对广东科技创新高质量发展成效显著；基础研究投入对新产品项目数效用最高的是上海，对新产品销售收入效用最高的是安徽，说明基础研究投入对两地高新技术成果的落地以及向现实生产力的转化起到了较好的促进作用。综合来看，四地基础研究投入与科技创新产出的关联度排序依次为：北京、广东、上海、安徽。除安徽外，其余三地均为 0.5 以上，原因可能在于与其他三地相比，合肥综合性国家科学中心对基础研究的投入力度相对较低。

（2）应用研究与试验发展支出之和与科技创新产出的关系。两项投入与专利授权量关联度最高的仍旧是北京，为 0.538，其余三地均处于 0.3 ~ 0.4，关联性较低，对授权专利的导向性不甚明显；两项投入对技术合同成交量效用最高的是广东，说明除基础研究投入之外，应用研究、试验发展投入也为广东的科技创新注入了"强心剂"；两项投入对新产品项目数、新产品销售收入效用最高的仍为广东、北京两地，可见科技研发经费的大量投入，为两地带来了显著的创新成果与技术优势。

（3）研发人员数量与科技创新产出的关系。研发人员数量与专利授权量的灰色关联度，北京以 0.578 的数值仍旧位居第一，其余三地均关联度不足，这说明北京的研发人员投入对授权专利的作用比其余三地明显；研发人员数量对技术合同成交量的灰色关联度，北京、上海、广东三地接近，安徽则稍逊一筹，仅为 0.444，原因可能在于安徽研发人员规模相对较弱；研发人员数量对新产品项目数的效用排序依次为广东、北京、上海、安徽，对新产品销售收入的效用排序依次为北京、安徽、上海、广东。综合来看，四地研发人员数量与科技创新产出的关联度排序依次为：北京、广东、安徽、上海，并且北京与其他三地差距较大，说明北京研发人员规模较大且对科技创新活动起到了较强的正向激励。

（4）研发人员全时当量与科技创新产出的关系。与研发人员数量不同，研发人员全时当量更强调人员的投入强度，在一定程度上更能反映出研发人员对科技创新的影响作用。研发人员全时当量与专利授权量关联度最高的是安徽，说明尽管安徽研发人员规模最小，但人员投入强度及其对科技创新活动的促进作用却是最强的；研发人员全时当量对技术合同成交量的灰色关联度，北京、上海、广东三地接近，呈现较高的相关性，说明研发人员当量较为明显地提升了三地的技术市场活跃度；研发人员全时当量与新产品项目数、新产品销售收入两项指标关联度最高的均为北京，体现了北京作为全国科技创新中心，拥有活跃的高新产品市场与良好的成果落地转化机制。综合来看，四地研发人员当量与科技创新产出的关联度排序依次为：北京、安徽、广东、上海，且北京明显高于其他三地。

通过上述分析可知，我国四大综合性国家科学中心所在区域的科技创新绩效各有迥异。北京科技创新绩效最高，基础研究支出、研发人员数量、研发人员全时当量三项指标的关联度均值都位居第一，说明北京的科技创新态势活跃，创新投入多且对科技成果的推广及应用程度高，具有较强的成果转化能力。广东科技创新绩效表现较好，应用研究与试验发展支出这一项关联度最高，表明广东的源头创新能力较强，创新速度相对较快。上海与安徽科技创新绩效实力相对较弱，投入方式、投入力度以及成果转化能力、自主创新能力有待进一步提高。

（三）小结

第一，四地科技创新投入与产出之间的灰色关联度基本都处于 $0.4 \sim 0.6$，呈中等正相关性，整体性效果处于中等水平。第二，除广东的应用研究、试验发展投入与科技创新产出的灰色关联度略高于基础研究投入外，其余三地的应用研究、试验发展投入与科技产出之间的灰色关联度均低于基础研究投入，说明基础研究投入对科技创新产出的作用更明显，接下来国家应对四大综合性国家科学中心的基础研究投入给予更多的关注。第三，除北京的研发人员数量与科技创新产出的灰色关联度同研发人员全时当量持平外，其余三地的研发人员数量与科技产出之间灰色关联度均低于研发人员全时当量，说明研发人员全时当量对科技创新产出的效用更高，因此，如何使人才效能得到最大限度地发挥，是更需要重视的问题，而非一味地扩大人才规模。第四，尽管四地的灰色关联度存在一定的差异，但并不完全与区域科研实力以及经济发展程度正相关，例如，上海是我国科技创新的排头兵，合肥是"科教基地"以及新崛起的"创新之都"，但此次分析结果却稍逊于北京与广东。因此，各地应结合自身禀赋，有的放矢地探索适合自己的体制机制与创新之路。第五，科技创新绩效直接影响着产业升级的步伐以及经济发展的质量。在四地的灰色关联度都只处于中等水平，且面临着投入较少、产出较难等困境的情况下，建议：一是持续加大对综合性国家科学中心的研发经费投入，尤其是基础研究经费投入力度，优化投入方式与管理机制，提升经费投入效率及其对科技创新活动的撬动作用；二是健全科技成果落地转化机制，构建从基础研究、技术研发、中试放大、市场导入落地产业化的全链条创新体系，推动四大综合性国家科学中心相互之间的科技创新交流与合作；三是优化人才结构，提升人才使用效率，建立健全以能力、质量、贡献为导向的科技人才评价标准，使人才价值实现最大限度地发挥。

第四节　产业结构及科技成果产业化比较

综合性国家科学中心不仅是科技创新平台，同样也是产业创新平台。在对四地科技创新情况进行比较研究之后，本节将从产业结构以及科技成果产业化两方面对四地的产业发展情况开展比较研究。科技成果产业化是连接科技创新与产业发展的重要纽带，以科技带动产业发展，以产业倒逼科技进步，实现科技与产业的融合交汇、同频共振是建设综合性国家科学中心的战略意图与实现路径。

一、产业结构比较

主导产业是以科技创新为引领，在区域产业体系处于支配地位，能够对其他相关产业以及整个经济发展产生巨大带动作用的产业，代表着区域产业发展的方向。在经济全球化进程中，生产要素以实现帕累托最优为目的在市场中自由流动，这就推动了产业在不同区域间的转移与整合。在这一过程中，发达地区会将劳动密集型产业向欠发达地区转移，一线城市会将劳动密集型产业向二三线城市转移。此外，发达地区也会将一部分以现代技术为基础的技术密集型工业，如石油、化工等，以及以现代高技术为基础的下游产业等转移至欠发达地区，而自身在城市主导产业的选择与规划上，大多优先选择金融、生物医药、新能源、人工智能、新一代信息技术等高新技术产业与战略性新兴产业。由表6-8可知，四大综合性国家科学中心都已步入工业化后期阶段，主导产业相似度较高，均是面向世界科技前沿与国家重大发展需求，以及以关键核心技术突破为发展基础的高端产业与未来产业，且与聚焦学科大多耦合，体现了基础研究与产业发展的相互驱动。

表6-8　　　　　　　四大综合性国家科学中心主导产业及龙头企业

类别	张江	合肥	怀柔	深圳
主导产业	集成电路、生物医药、人工智能、信息软件、文化创意等	集成电路、新一代信息技术、生物医药、高端装备制造、人工智能、新能源、光伏及新能源、量子产业等	新能源、新材料、生物医药、智能制造、节能环保等	金融、互联网、信息通讯、生物医药、新能源、新材料、人工智能、数字经济、集成电路、房地产、文化创意等
标杆企业	中芯国际、韦尔半导体、上海医药集团、霍尼韦尔中国研发中心、花旗软件、百度（中国）上海研发中心、阅文集团、喜马拉雅、聚力传媒等	科大讯飞、国轩高科、科大国盾量子、江淮汽车、联宝科技、安科生物等	有研粉末新材料、科拓恒通等	华为、中兴、腾讯、迅雷、OPPO、大疆、比亚迪、华大基因、迈瑞、平安科技（深圳）、TCL华星光电、万科、中广核、光启空间、顺丰快递、平安科技、招商银行等

科技标杆企业的最大特点在于其具有较强的创新能力、创新基础以及创新意识，而创新是使产品从同质化向差异化转变的决定因素。同时，差异化与产品的相对价格成正比，高价格带来的高收益又会激励企业继续加大研发投入以增强创新能力，从而进一步推动企业转型发展。从四大综合性国家科学中心的标杆企业发展现状来看，张江、深圳的标杆企业无论是数量还是影响力均远远超过合肥、怀柔，原因主要在于张江、深圳两地拥有相对发达的市场经济、灵活的体制机制、便利的融资环境、优质的政策法治环境以及敢为人先、宽容失败的创新创业氛围。迄今为止，张江已吸引诸多跨国公司地区总部以及世界级研发中心，且科创版上市企业已占据上海半壁江山。深圳以推动产业链"全链条、矩阵式、集群化"发展为主线，瞄准科技前沿和产业制高点，推动信息通讯、互联网、人工智能、金融等与实体经济深度融合，在培育发展新型产业链的同时注重甄别现有产业链的关键或缺失环节，实施"强链"和"补链"，助推制造业迈向全球

价值链中高端，在这一发展思路下，深圳目前已坐拥华为、腾讯、大疆、中国平安等世界级企业。

因此，通过分析比较可知，合肥、怀柔注重从科研到产业化的单向演进之路，通过催生大量的原创性科研成果与重大科技突破，为产业发展提供高水平源头供给，偏向于从 0 到 1 的"基础研究"；张江、深圳则注重以产业引导科研，再以科研成就产业，最终实现科研与产业齐步走的良性循环之路，偏向于从 1 到 N 的"应用基础研究"。

二、科技成果产业化比较

促进创新链与产业链双向融合，打通基础研究到产业化的阻碍，进而将科研成果转化为现实生产力，是经济社会发展的现实动力。从创新源头与科研规律来看，科技成果产业化进程往往涵盖了布局大科学装置、技术开发、概念验证、中试验证、产业转化、开放合作等多个环节。

（一）借力大科学装置，推动创新链紧扣产业链

大科学装置不仅在基础研究、科学探索领域意义深远，也能极大地赋能技术创新和产业发展，为攻坚"卡脖子"难题和产品研发提供必要保障，为核心技术国产化替代、产业转型升级提供强大动力。一是助力企业技术攻关。张江综合性国家科学中心的上海光源一方面积极加强与企业研发部门的合作对接，在与企业共同排查技术瓶颈的基础上帮助企业系统解决核心技术问题，目前已为包括诺华、罗氏、辉瑞等国际制药公司在内的多家国内外企业提供技术研发支持；另一方面襄助企业建设产业应用专用线站，促进创新链产业链深度融合，如中国石化与中科院上海高等研究院上海光源科学中心合作建设三条光束线站，国内多家化工、冶金、汽车产业领域龙头企业也已借助上海光源平台实现了新技术和新产品开发。二是带动关联产业发展。怀柔综合性国家科学中心依托高能同步辐射光源、综合极端条件实验装置等大科学装置，着力培育科学仪器和传感器、新材料等关联产业，布局了怀柔仪器、国科科仪、怀盛创新中心等平台，怀柔仪器公司作为国有平台公司，已引入 23 家高端仪器装备和传感器领域企业，

推动了高端仪器装备和传感器产业在怀柔布局。三是工程装备技术积累助力国产化。合肥依托全超导托卡马克大科学装置，发挥中科院合肥物质科学研究院在国家大科学工程装置建设中积累的技术优势，合资成立中科离子医学技术装备有限公司，自主研制国产化超导质子治疗系统并实现了产业化。

（二）聚焦堵点难点精准发力，跨越科技成果转化"死亡之谷"

创新是一个"思路→研究→开发→中试→量产→销售"的完整链条，技术开发与产业转化作为其中的关键环节，直接决定着能否成功完成创新。然而在创新实践过程中，高校、科研院所的科技成果面向市场应用转化难以及企业技术开发受制于行业共性技术的突破，是科技创新所面临的两大世界性难题，也是科技应用难以逾越的"死亡之谷"。为攻克这些难题，四大综合性国家科学中心均开展有益探索，并生成了一些典型案例。一是搭建科技成果转化桥梁。要使"待字闺中"的科研成果与产业发展无缝对接，就必须在企业与高校、科研院所之间搭建起信息沟通的桥梁。目前，制约我国科技成果转化的主要瓶颈就是在科研机构与企业需求之间缺乏有效的链接，针对这一现状，怀柔综合性国家科学中心已入驻国科大怀柔科学城产业研究院等 18 家中科院院所，张江综合性国家科学中心也与中科院、复旦大学、上海交通大学等大院大所合作共建中科院上海高等研究院、复旦大学张江研究院等创新平台，积极引导高校、科研院所围绕产业发展所需，强化核心技术供给，促进科技与经济、产业的有机结合。二是设立新型研发机构。深圳光明科学城通过建立科技成果"沿途下蛋"的高效转化机制，以产业需求为牵引，促进创新成果加速产业化，如以合成生物研究设施为依托，成立了深圳市工程生物产业创新中心这一新型研发机构，打造了国内首个"楼上楼下"创新综合体，为跨越科技成果转化"死亡之谷"提供了新的解题思路。其中"楼下"为企业搭建发展平台，目前已汇聚拓扑生物、鑫飞生物、厚存纳米药业等多家公司，"楼上"为科研人员提供创新平台，目前已集聚合成微生物组学研究中心、材料合成生物学研究中心、细胞实验室等多个创新平台，这一全新模式拉近了科研与产业之间有形与无形的距离，架起了科研服务产业、产业反哺科研的"双向车道"。三是提升承接成果转化能力。为提升企业承接科技创新成果能力，合肥综合性国家科学中心不仅以企业为主体，成立了平板显示、新能源汽车、集成电路、轨道交通、机器人等 22 家产业技术创新战略联盟，而且还支持企业设立各级技术创新中心、工程（技术）研究中心、企业技术中心等创新平台，每年增加 100 个以上，旨在解决科技成果工程化问题（黎静，2021）。此外，上海光源工程依托以服务用户为核心的运营机制，全力支持企业建设产业应用专用线站，系统持续地解决产业核心技术问题。目前利用上海光源进行技术开发的企业有 60 余家，尤其是张江综合性国家科学中心的多家生物医药公司，借助上海光源研发新药，初步形成了制药企业科技服务产业集群。

（三）构建科技产业化服务体系，促进成果转化提质增效

科技服务业是新常态下推动科技创新和产业结构转型升级的新引擎，有助于从源头上解决技术与市场的脱节问题，推动科技创新成果从实验室走向市场，因此，四大综合性国家科学中心在构建科技服务体系方面也有新的进展。一是打造概念验证中心。概念验证是科技成果转化的第一步，也是实现基础研究向产业化迈进的关键一环。深圳于 2021 年 2 月正式印发《关于进一步促进科技成果产业化的若干措施》，提出"支持高等院校、科研机构设立概念验证中心，探索实行高等院校、科研机构、企业和资本组成的多元运营机制，为实验阶段的科技成果提供技术概念验证、商业化开发等服务"这一支持计划，畅通成果产业化渠道。合肥综合性国家科学中心也大力支持概念验证中心建设，按年度服务性收入的 30%，给予最高 100 万元奖补。[1] 二是建设中试验证平台。中试验证是科技成果转化的"最后一公里"，对科技成果产业化也发挥着非常重要的作用。目前张江综合性国家科学中心已布局一批生物医药研发公共性服务机构，两条中试线——基于动物细胞来源的柔性、可移动抗体药物中试线和创新药物制剂中试服务线业已投入运营。合肥综合性国家科学中心对中试基地（平台）按其年度服务性收入的 30%，给予最高 100 万元奖补。[2] 光明科学城也制定相关产业发展政策，对入驻光明区的检验检测、认证、知识产权、工业

[1][2] 《合肥市进一步促进科技成果转化的若干政策（试行）》。

设计等重点发展领域的服务业企业，按年度租金总额的 20% 给予资助，最高不超过 10 万元。① 三是成立知识产权服务平台。激励创新创造离不开知识产权保护，为了给科技创新活动提供更加便利、精准的知识产权司法保护及司法服务，怀柔科学城于 2021 年 12 月 30 日成立知识产权巡回审判庭，帮助区域创新主体增强知识产权布局和保护意识，提升纠纷诉讼应对能力，为综合性国家科学中心的建设发展营造良好的营商环境与知识产权保护氛围。深圳也于"十四五"规划中谋划建设全国性知识产权和科技成果产权交易中心，探索完善知识产权和科技成果产权市场化定价和交易机制。四是设立技术转移转化平台。合肥综合性国家科学中心已建成全国首座以创新为主题的安徽创新馆，提升了安徽技术交易市场的服务功能，并于 2020 年 7 月获批国家技术转移人才培养基地。

（四）瞄准科技领域，高度重视人才支撑体系建设

人才是综合性国家科学中心建设的核心要素，是创新发展的第一资源。为加快关键核心技术攻关，占据国际前沿科技制高点，四地均高度重视，以政策创新、制度创新、优质平台等吸引国内外顶尖人才投身最前沿的科学研究。一是完善人才引进培育机制。安徽省、合肥市先后出台综合性国家科学中心人才工作 10 条、人才新政 20 条等政策。例如，对重大创新平台引进高层次人才给予 50% 薪酬补贴；成果转化收益奖励人员跟团队的比例首期可达 90%；各平台单位的个人因突出贡献获省级及以下政府与部门奖励一律按 20% 税率征收个税；特殊人才按照"一事一议"方式创造条件引进。截至 2020 年底，在合肥服务综合性国家科学中心建设的"两院"院士已达 133 人，各类创新平台已集聚人才 1500 人以上。二是创新人才工作制度。上海光源工程建立打造顶尖人才队伍的长效机制，从国内外招聘一批工程急需的专项科技人员，返聘退休科技人员，降低工程结束后人员分流压力；从国内科研、教育单位长期借调或短期聘用工程急需科研人员，从上海市相关部门借调大部分建安工程技术和管理人员；联合国外研究机构，举办中国加速器物理学校，面向近 150 位年轻学者开展强化训

---

① 《深圳市光明区关于支持科技服务业提升发展的若干措施》。

练，为上海光源储备加速器领域人才。三是以人才引领实现重点领域国际领先。从 20 世纪 80 年代郭光灿回国着手组建学科起，目前合肥依托中科大郭光灿、杜江峰、潘建伟三位院士带领的科研团队，确立了我国在量子领域的国际领先地位。自 2007 年起，由王俊峰、刘青松博士带领的"哈佛八剑客"陆续汇聚合肥科学岛，依托强磁场科学中心装置与技术，建设全球最大细胞库和中国自己的"细胞工厂"，我国强磁场领域也实现从"一无所有"到"世界第二"的跨越。

（五）进一步加强开放合作，跨界跨区域整合创新资源

跨界跨区域整合顶级科技创新资源也是目前四大综合性国家科学中心实现科技成果产业化的关键路径之一。一是依托大企业打造开放式创新中心。张江综合性国家科学中心借助外资跨国企业集聚优势，组建了以 IBM、强生、西门子、阿里巴巴、罗氏、科沃斯等世界级巨头企业为驱动的超过 20 个开放式创新平台，据不完全统计，近一年来为本地成功导入高质量项目超过 60 家，累计赋能企业超过 200 家，成功面向全球集聚创新资源，深度激活区域雨林式创新生态。二是强化跨区域协同联动。同为长三角科技创新策源地，合肥综合性国家科学中心与张江综合性国家科学中心不断加强联动协作，推进"两心共创"，在国家实验室、科研院所、重大科技基础设施以及光子科学、脑科学研究等方面开展全方位合作，共同服务国家发展大局。三是积极加强国际合作交流对接。例如，中国科学院深圳先进技术研究院与国际媒体龙头 Aspencore 持续开展合作，在国际论坛上设立大湾区新一代信息通信产业奖项，大力提升了深圳市新一代信息通信产业集群的知名度与影响力，使产业优势进一步转化为市场竞争优势。

第五节　政策及制度保障比较

如果将建设初期的综合性国家科学中心看作一粒种子，那么需要由政府提供有利于种子生长的环境与条件，如适宜的土壤、水分、空气以及阳光。政策与制度保障就像良好的土壤与水分，可以使综合性国家科学中心

快速"成长"。据此,这一部分内容将从政策法规保障与制度保障两个层面对四大综合性国家科学中心现有资源进行梳理与比较。

一、政策比较

本书第一章已对国家及各部委层面有关综合性国家科学中心的总体政策演进路线进行详细分析,尽管还有《关于深化人才发展体制机制改革的意见》《关于促进新型研发机构发展的指导意见》《北京加强全国科技创新中心建设总体方案》《中华人民共和国促进科技成果转化法》等细分领域的政策法规尚未梳理,但鉴于本节以四地比较分析为主,故在此不多做赘述。

由表 6-9 可知,通过对地方层面的部分政策规划进行分类汇总,可以看出伴随着四地综合性国家科学中心的批复建设,相关政策文件与日俱增且覆盖领域及内容日益完善。具体来说,四地政策着力点整体上较为相似,均瞄准建设规划、人才发展、科研创新、科技成果转化等方面展开。同时,也存在一些差异性。例如,在总体规划上,上海、北京将张江综合性国家科学中心、怀柔综合性国家科学中心均纳入建设科技创新中心整体布局,并未专门制定关于综合性国家科学中心的政策规划,而且无论是大湾区还是深圳市,也尚未就综合性国家科学中心出台相关规划或措施,但是三地却分别为作为核心承载区的相关科学城提供了政策保障,目前仅有安徽合肥专门针对综合性国家科学中心搭建了规划体系。例如,除总体规划外,在人才、科技、产业等领域,四地均未就综合性国家科学中心的建设出台任何文件,现有文件大多围绕市、区级层面抑或是科技创新中心、科学城的建设,这也是目前存在的短板之一。此外,这几大领域关于张江的政策文件大多为上海或浦东新区层面,鲜有只为张江服务的公共政策。例如,国家及各部委层面批复的有关综合性国家科学中心的专项政策仅为建设方案,目前尚未在国家层面就其建设总体规划、发展目标、战略定位、重点目标等进行详细部署,而关于科技创新中心,国家及各部委层面相继印发《北京加强全国科技创新中心建设总体方案》《上海市建设具有全球影响力的科技创新中心"十四五"规划》等重要文件,为建设具有全球影响力的科技创新中心保驾护航。

表6-9　四大综合性国家科学中心地方层面有关政策文件

地方	政策类别	政策文件
张江	总体规划	《中共上海市委 上海市人民政府关于加快建设具有全球影响力的科技创新中心的意见》(2015年5月) 《上海建设具有全球影响力的科技创新中心行动方案(2015—2020年)》(2015年9月) 《张江科学城建设规划》(2017年8月) 《中共中央 国务院关于支持浦东新区高水平改革开放打造社会主义现代化建设引领区的意见》(2021年7月) 《上海市张江科学城发展"十四五"规划》(2021年8月) 《浦东新区建设国际科创中心核心区"十四五"规划》(2021年8月)
	人才发展	《关于深化人才工作体制机制改革 促进人才创新创业的实施意见》(2015年7月) 《浦东新区引进海外高层次人才意见》(2016年8月) 《上海市优秀科技创新人才培育计划管理办法》(2016年9月) 《关于进一步深化人才发展体制机制改革加快推进具有全球影响力的科技创新中心建设的实施意见》(2016年9月) 《上海加快实施人才高峰工程行动方案》(2018年3月) 《浦东新区关于支持人才创新创业促进人才发展的若干意见》(2018年4月) 《关于新时代上海实施人才引领发展战略的若干意见》(2020年8月)
	科技创新	《关于进一步深化科技体制机制改革 增强科技创新中心策源能力的意见》(2019年3月) 《关于促进新型研发机构创新发展的若干规定(试行)》(2019年4月) 《上海市推进科技创新中心建设条例》(2020年1月) 《浦东新区推进张江科学城创新发展实施意见》(2021年8月)
	科技成果转化	《上海市促进科技成果转化条例》(2017年4月) 《上海市促进科技成果转移转化行动方案(2021—2023)》(2021年6月)
	产业发展	《浦东新区产业发展"十四五"规划》(2021年7月) 《浦东新区科技发展基金促进高新技术企业专精特新发展专项操作细则》(2021年11月) 《上海市营商环境创新试点实施方案》(2021年12月)

综合性国家科学中心差异化协同发展研究

续表

地方	政策类别	政策文件
合肥	总体规划	《合肥综合性国家科学中心实施方案（2017—2020年）》（2017年9月） 《合肥综合性国家科学中心重大信息发布制度》（2018年3月） 《合肥滨湖科学城总体规划（2018—2035年）》（2019年8月） 《合肥综合性国家科学中心项目支持管理办法》（2020年2月）
	人才发展	《关于合肥综合性国家科学中心建设人才工作的意见（试行）》（2017年5月） 《关于建设合肥综合性国家科学中心打造创新之都人才工作的意见》（2017年6月） 《关于进一步支持人才来肥创新创业的若干政策》（2018年4月） 《关于进一步吸引优秀人才支持重点产业发展的若干政策（试行）》（2020年9月）
	科技创新	《支持科技创新若干政策》（2017年4月） 《安徽创新型省份建设促进条例》（2021年5月） 《2021年合肥市推动经济高质量发展若干政策实施细则（科技创新政策）》（2021年6月） 《合肥市科技创新条例》（2021年11月）
	科技成果转化	《安徽省促进科技成果转化行动方案》（2018年8月） 《安徽省促进科技成果转化条例》（2018年9月） 《合肥市进一步促进科技成果转化若干政策（试行）》（2021年2月） 《合肥市推动科技成果转化三年攻坚行动方案》（2021年3月）
	产业发展	《提升产业基础能力和产业链现代化水平的实施意见》（2020年3月） 《合肥市培育新动能促进产业转型升级推动经济高质量发展若干政策》（2020年4月）

续表

地方	政策类别	政策文件
怀柔	总体规划	《"十三五"时期北京市人民政府与中国科学院合作推进全国科技创新中心建设行动计划》（2016年9月） 《中国科学院北京市人民政府共建怀柔科学城科技创新中心建设合作协议书》（2016年9月） 《北京市"十三五"时期加强全国科技创新中心建设规划》（2016年10月） 《怀柔科学城建设发展规划（2016—2020年）》（2016年11月） 《北京城市总体规划（2016—2035年）》（2017年9月） 《北京市"十四五"时期国际科技创新中心建设规划》（2021年11月）
	人才发展	《北京市怀柔区引进人才办法》（2010年9月） 《中共北京市委关于深化首都人才发展体制机制改革的实施意见》（2016年6月） 《北京市引进人才管理办法（试行）》（2018年2月） 《怀柔区高层次人才聚集行动计划（2018—2022年）》（雁栖计划）（2018年11月）
	科技创新	《北京市加快科技创新发展新一代信息技术产业的指导意见》等十项政策（2017年12月） 《北京市支持建设世界一流新型研发机构实施办法（试行）》（2018年1月） 《怀柔区促进科技创新发展专项资金支持实施细则》（2018年3月）
	科技成果转化	《促进在京高校科技成果转化实施方案》（2018年4月） 《北京市促进科技成果转化条例》（2020年1月） 《北京市怀柔科技成果转移转化实施方案》（2020年12月）
	产业发展	《怀柔科学城促进产业集聚专项政策（试行）》（2018年7月） 《关于加快培育壮大新业态新模式促进北京经济高质量发展的若干意见》（2020年6月） 《关于精准支持怀柔科学城仪器和传感器产业创新发展的若干措施》（2021年4月）

综合性国家科学中心差异化协同发展研究

续表

地方	政策类别	政策文件
深圳	总体规划	《深圳市人民政府关于支持光明科学城打造世界一流科学城的若干意见》（2020 年 4 月） 《深圳光明科学城总体发展规划（2020—2035 年）》（2021 年 3 月）
	人才发展	《关于加强党对新时代人才工作全面领导进一步落实党管人才原则的意见》（2018 年 5 月） 《中共深圳市委 深圳市人民政府关于新形势下实施"鹏程计划"加快打造国际人才高地的意见》（2021 年 3 月） 《深圳市优秀科技创新人才培养办法》（2021 年 3 月） 《关于实施"鹏城孔雀计划"的意见》（2021 年 9 月）
	科技创新	《关于促进科技创新的若干措施》（2016 年 3 月） 《深圳市促进重大科研基础设施和大型科学仪器共享管理暂行办法实施细则》（2017 年 5 月） 《深圳经济特区国家自主创新示范区条例》（2018 年 1 月） 《深圳市基础研究项目管理办法》（2020 年 6 月） 《深圳经济特区科技创新条例》（2020 年 8 月） 《深圳创新"五大行动"实施方案》（2021 年 12 月）
	科技成果转化	《深圳经济特区技术转移条例》（2013 年 6 月） 《深圳市技术攻关专项管理办法》（2020 年 9 月） 《光明区科技成果转移转化基地管理行办法》（2020 年 11 月） 《深圳市关于进一步促进科技成果产业化的若干措施》（2021 年 2 月）
	产业发展	《深圳市关于进一步加快发展战略性新兴产业的实施方案》（2018 年 11 月） 《深圳市光明区现代产业体系中长期发展规划（2020—2035 年）》（2020 年 8 月） 《深圳市光明区支持 3＋1 产业发展系列政策》（2020 年 10 月） 《深圳市数字经济产业创新发展实施方案（2021—2023 年）》（2020 年 12 月） 《深圳光明区关于支持合成生物创新链融合发展的若干措施》（2021 年 10 月）

资料来源：根据各地方政府官方网站相关信息整理。

二、制度比较

由表6-9可知，四地均从人才、科技等方面出台相关条例，目的在于向"法"借"力"，以制度创新赋能科技创新，为科研成果产业化、科技人才集聚等提供制度保障与法制保障。特别是深圳，从"先行先试"到"先行示范"，不仅成为国家改革开放的排头兵与先行地，而且在科技创新方面也有了相对成熟的立法实践。2020年10月，中共中央办公厅、国务院办公厅印发《深圳建设中国特色社会主义先行示范区综合改革试点实施方案（2020—2025年)》，支持深圳实施综合授权改革试点，为全国制度建设探索新路。

在人才发展制度创新方面，北京推出"特聘岗位"制度，将特聘岗位引进海外人才的范围扩展至事业单位、国有企业和新型研发机构等单位；优化《北京市科学技术奖励办法》，设立国际合作奖项，奖励为北京科技工作作出杰出贡献的外籍科学技术工作者，并且允许取得永久居留资格的外籍科学家领衔承担国家科技计划项目，允许符合一定条件的外籍专家作为候选人提名政府科学技术奖。上海出台实施"人才高峰工程行动方案"，围绕生命科学与生物医药、集成电路与计算科学等13个国家战略领域大力引才，建立国际通行的遴选机制，为高峰人才提供"量身定制，一人一策"岗位平台、资助扶持，授予高峰人才学术出国自主权；允许高峰人才及其核心团队成员使用支持资金购买商业养老和医疗保险；推行外国人来华工作许可相关业务"不见面"审批政策，为来沪工作的外国高端人才设计推出个人信用卡，简化办卡手续。深圳在高校、医院开展"去编制化管理"改革，在事业单位开展全面下放岗位设置、人员招聘、职称评审、薪酬分配等自主权试点，打破人才流动壁垒；落实破"四唯"要求，尊重人才成长规律，根据不同行业特点，分赛道甄选各领域优秀人才，赋予行业（产业）主管部门及用人单位更大人才评价权；借助国家综合授权改革的红利，推动人才R字签证、出入境和停居留便利等措施落地。

在科技制度创新方面，上海鼓励各类创新主体加强协同创新，在前沿科技、重大共性关键技术研究等方面开展联合攻关，推动形成优势互补、成果共享、风险共担的合作机制；要求上海科技创新中心建设推进机构协调推进张江综合性国家科学中心建设，创新管理机制，推动重大科技基础设施建设与多学科交叉前沿研究深度融合。合肥将每年9月20日设为"合肥科技创新日"，通过"发布一批科技创新成果、表彰一批优秀科技工作者、宣传一批科技先进人物"等活动，充分激发人才创新创业活力；对在科学研究、科学普及、科技服务、科技管理等活动中取得重大成果或者有突出贡献的单位和个人给予激励。深圳在全国率先以立法形式固定财政对基础研究的投入，即基础研究和应用基础研究资金投入比例应不低于市级科技研发资金的30%，给予基础科研人才长期稳定支持，让基础科研人才坐上"暖板凳"；鼓励高等院校、科研机构、企业单独或者合作在境外建立研发机构、离岸实验室和技术合作平台，利用全球科技创新资源，提升科技创新能力。

在科技成果转化制度创新方面，2020年12月怀柔区政府印发了《北京市怀柔区促进科技成果转移转化实施方案》，从推动科技成果信息汇集与共享、提升创新主体建设与产学研协同、发展壮大新业态新模式、推进科技成果转移转化载体建设、健全科技成果转移转化服务体系、加强科技成果转移转化人才队伍建设与服务配套、强化科技成果转移转化的多元化资金投入七个方面提出推进科技成果转化和先进技术转移的重点任务。合肥赋予新型研发机构从事科技成果转化与科技服务的管理人员参与职称评审的法定权利，并增加了职称评审通道，有利于提高从事科技服务与管理人员的专业化能力和积极主动性；同时将成果供给、中试、对接、交易、评价、转化服务、转化落地等环节的系列政策固化，为推动科技成果产业化打下坚实法治基础。深圳将对科技人员的激励由"先转化后奖励"调整为"先赋权后转化"，明确规定利用财政性资金取得职务科技成果的高等院校、科研机构，应当赋予科技成果完成人或者团队所有权或者长期使用权，约定按份共有的，科技成果完成人或者团队持有的份额不低于70%；长期使用权年限为10年。[①]

---

① 深圳市科技创新委员会：《深圳经济特区科技创新条例》，深圳政府在线，2021年1月29日。

在产业发展制度创新方面，北京把握新基建机遇，从建设新型网络基础设施、数据智能基础设施、生态系统基础设施、科创平台基础设施、智慧应用基础设施、可信安全基础设施六个方面厚植数字经济发展根基；通过实施深化"放管服"改革、提升服务企业效能、加快打造数字政府、精准帮扶中小微企业等创新举措，精准帮扶企业渡过难关，营造国际一流营商环境。[1] 2022 年 1 月 1 日，在合肥正式施行的《合肥市科技创新条例》中，提出了要加快布局量子信息、生物制造、先进核能、下一代人工智能、类脑科学、精准医疗等未来产业，加快应用基础研究、技术开发、市场应用、产业链构建协同推进，同时要推动电子信息、装备制造等优势产业高端化、智能化、绿色化，促进新型显示器件、集成电路、人工智能等战略性新兴产业发展，以及互联网、物联网、大数据与各类产业的融合。

在政府支持与保障方面，北京市、区人民政府设立科技创新基金，引导社会资本投资符合本市城市战略定位的重大科技成果转化和产业化；通过风险补偿、贷款贴息、知识产权质押融资保险补贴等方式，支持金融机构为科技型企业提供信贷融资服务；市级层面建立知识产权公共服务体系，并对依法取得知识产权的科技成果，实行严格的知识产权保护制度，维护各方主体合法权益。[2] 深圳市按规定为符合条件的科技人员在设立企业、申报项目、科技创新条件保障和出入境、住房、医疗保障、子女入学等方面提供便利；此外，还加大科技创新财政投入，建立稳定支持与竞争性经费相结合的科技创新投入机制，引导企业及其他社会力量投入科技创新活动，推动科技创新经费持续稳步增长。[3]

---

[1] 北京市人民政府：《中共北京市委 北京市人民政府关于加快培育壮大新业态新模式 促进北京经济高质量发展的若干意见》，中华人民共和国中央人民政府门户网站，2020 年 6 月 11 日。

[2] 北京市人民政府：《北京市促进科技成果转化条例》，中华人民共和国中央人民政府门户网站，2019 年 12 月 5 日。

[3] 深圳市科技创新委员会：《深圳经济特区科技创新条例》，深圳政府在线，2021 年 1 月 29 日。

第七章

综合性国家科学中心建设的
困境与思路

本章基于前面的比较分析研究结果，并结合实地调研、座谈交流、案例采集、文献查阅等多种方法，思考概括出我国四大综合性国家科学中心建设发展中所面临的现实困境，在充分借鉴国内外先进经验的基础上，从法制保障、人才支撑、科技创新、产业发展、科学文化生态五个方面提出对策建议。

第一节　综合性国家科学中心建设发展中
所面临的现实困境

目前，我国四大综合性国家科学中心建设尚处于起步探索阶段，尽管已取得些许成效，但在政策法规保障、人才引进、科技创新、科技成果产业化、文化生态环境等方面仍存在一些共性或个性问题，未能完全与国家创新发展战略要求相衔接，离成为国家"科研皇冠上的明珠"以及整体科技力量的象征这一目标还有很长的一段路要走。

一、政策法规保障较为欠缺

（一）相关法律法规仍不完善

回顾世界著名科学中心或者科学城的建设经验，有法制作为保障的创新载体更易获得各方资源的支持，其建设与发展也相对成功。例如，日本筑波科学城启动建设之初，日本政府就先后制定了《筑波研究学园城市建设法》《筑波研究学园城市建设计划大纲》《高技术工业聚集地区开发促进法》《研究交流促进法》等法律法规，通过立法手段将筑波科学城规划、建设和管理等方面的内容以法律条文的形式固定下来，将建设筑波科学城的国家意志上升为法律，以上法律伴随着经济和科技形势的发展历经数次修订，以保证其时效性与指导性。反观国内，北京、上海、安徽、深圳四地尽管已出台多项地方性法规，但在综合性国家科学中心建设层面，仍未针对其自身或者作为其核心承载区的怀柔科学城、张江科学城、滨湖科学城、光明科学城制定在科技创新以及建设运营等方面具有规范作用的法规条例，以及在科学城土地空间扩展、设备折旧、税收、外资引进等方面，也缺乏相应的规范法规。

（二）重大科技基础设施亟须法律护航

大科学装置的建设运营往往面临各种挑战，如大科学装置的建设和管理是一项复杂的系统工程，技术不确定性、任务多样性、管理标准多重性和利益相关者多元化导致管理过程极其复杂，持续的高风险和收益的长期性容易导致项目失败，国际上也将其称为不确定工程。又如大科学装置的建设和运营很可能带来相当规模的不可预见费用。美国能源部（DOE）作为承担美国大多数最先进、最大规模的大科学装置建设的政府部门，也会面临工程逾期、预算超支等严峻挑战。1980～1996 年，DOE 批建了 80 个大科学工程，其中有 31 个项目因预算严重超支而终止，几乎所有的项目都逾期。为应对这些不可预见的挑战，有必要通过长期稳定的法律法规对大科学装置相关建设和运营的责任主体和程序等进行规范。

（三）缺少统一的顶层设计与规划

由于重大科技基础设施处于"边批边建"状态、部分地区将综合性国家科学中心纳入科技创新中心建设整体布局等原因，无论是在国家层面或者地方层面，现有政策规划大多围绕科技创新中心以及科学城的建设，目前尚未专门就综合性国家科学中心出台相关政策或统一的发展规划，对其建设目标、战略定位等没有明确界定，甚至概念也从未达成统一准确的共识，这在一定程度上会导致四地发展定位不清晰、难以差异化发展以及无法充分实现对创新资源、科学研究的保障。

二、人才引进遭遇诸多瓶颈

（一）靶向引才的精准度有待提升

一是引才渠道单一。目前，四大综合性国家科学中心的人才引进仍沿用"政府主导"传统模式，从政策制定、清单梳理到组织引才等各环节均由政府"包办"，缺少市场上人才供需信息的反馈机制，难以精准匹配到用人单位对人才的需求。并且各科研院所在海外引才中大多仅靠自身力量，规模小、影响弱、引才难，未能形成海外引才合力。据某科研机构负责人表示，目前引进顶尖人才的渠道有限，引进方式单一，且存在着找不到、联系不上以及适不适合的问题，国际猎头公司也尚未得到广泛使用。二是鲜少运用新技术新手段来精准引才。上海研发公共服务平台建设的全球高层次科技专家信息平台，为上海市人才大数据建设夯实了基础，为政府、高校、科研院所以及科技型企业在人才引进、科技合作等方面提供了信息支撑。但怀柔、合肥、深圳等地目前仍缺乏大型人才工作数据库，难以对国内外顶尖人才的存量、增量、流动情况以及地理、学科分布等相关数据进行系统收集整理，以至于无法及时动态跟踪战略科技人才、科技领军人才、卓越工程师等重点人才的变化情况。三是人才结构有待优化。以深圳光明科学城为例，据高层次人才基本情况统计结果可知，目前超过60%的高层次人才都分布于新材料、生命科学、智能制造等重点产业领域，而技术转移、科技金融、检验检测、中试验证、知识产权保护等领域的科技服务人才则较为缺乏。同时，从事规划、建设、运维重大科技基础设施的工程师人才较为稀缺，从其他设施建设运行单位引才招才也存在一定难度。

（二）束缚人才引进的制度藩篱有待破除

一是出入境便利化有待加强。境外人才引进是一项复杂的系统工程，在出入境、停居留、科研物资过境、执业资格国际互认、身份互认等方面，目前仍存在着一系列体制壁垒。例如，部分实验材料系中药成分提取物或实验半成品，海关查到后会予以扣留，或检验其组成成分，耽误实验时间甚至导致实验材料相关成分挥发、见光分解或变质，致使部分试验项目停滞，因此科研物资过境程序亦有待简化。二是人才减负成效还不显著。在科研项目执行过程中，评审、评估、检查活动偏多，一般都要求科研人员每年进行汇报总结；项目申报、审批流程烦琐、时间长，开展一个科研项目往往涉及申报、财务等多个管理系统，系统间未打通，填报内容冗长且多有重复；高校青年教师考评压力仍然较大，面临教学和科研的双重压力。三是现有薪酬管理形式抑制人才的创新积极性。科研机构集中了大量顶尖人才资源，薪酬管理的实施效果直接关系到科研机构对人才的吸引、激励和开发。受薪酬总量管理约束，科研院所无法建立鼓励创新、合理有效的薪资管理机制，固化了单位之间、内部之间的收入差距，导致科研资源配置不能优化，无法对人才建立全面有效的激励机制，一定程度上抑制了人才的创新积极性。四是人才"双聘制"面临问题有待解决。柔性吸引国内外顶尖人才的形式包括双聘、短期聘用、人才飞地、项目合作等。其中，"双聘"已成为科学中心高校、科研院所吸引院士等顶尖人才的主要形式，但由于人才"双聘制"的开放性与支持度有限，双聘人才仍存在着一系列较难解决的问题，如平等薪酬待遇、人才认定、子女教育、社保问题等，不利于人才双聘入职。

（三）人才评价激励机制有待完善

一是人才分类评价机制仍不健全，与基础研究追求创新不同，产业化研究更倾向于追求稳定性，而目前高校等对于从事基础研究和从事产业化研究的研究人员使用同一套评价体系，多侧重论文等考核，不利于从事产业化研究人员的发展。此外，不同产业的行业发展周期与人才成长周期均不同，如生物医药领域，有相当多的时间与投入都应用于研发工作，人才培养周期长，成果产出时间久，也不宜与其他产业共用一套评价体系。二是人才评价体系未与国际接轨。目前四地的科研机构、企业仍未建立起与国际接轨的一流人才评价体系，且缺乏国际知识产权交易平台，科技成果转化渠道不够畅通，导致科研人才研发积极性不高，难以有效激励人才。

三、科技创新仍存在薄弱环节与发展短板

（一）对基础研究的投入与重视度相对偏弱

基础研究是整个科学体系的源头活水，是科技强国的根基。但由于其具有"十年寒窗"类似的属性，使研究成果具有迟滞性与不确定性、无法在短时间内看到实际效果并实现资源的有效配置，这就导致社会各界对基础研究普遍不够重视，认为其"不接地气""用处不大"。由第六章分析可知，北京、上海、安徽、广东四地的研发经费内部支出均表现出试验发展支出＞应用研究支出＞基础研究支出的特点。以 2019 年为例，北京市基础研究投入占全市研发经费总量的 15.92%，而上海市仅为 8.88%、安徽省仅为 5.25%，广东省更是只有 4.58%，除北京外，其他三地基础研究经费投入明显不足。若一直受"赚快钱"思想的影响，一味地追求应用研究与成果产业化，则无法真正地将创新的主动权掌握在自己手里，跟踪式发展的红利也终将耗尽。

（二）高端科创资源有待加强

四大综合性国家科学中心在建设过程中虽集中引进了不少知名高校与科研机构，搭建了多形式的创新平台，但仍旧缺乏以国家实验室为代表的国家重要战略科技力量，引进机构多以中科院院所和国内高校为主，国际科研机构和顶级企业研发中心较少，且科研管理体制、机构管理模式等多采用国内现有框架体系，不利于吸引国际化人才。

（三）协同创新能力不足

协同创新发展存在的不足共有两个维度，第一个维度是区域内部科研机构、创新平台之间的协同力度不足。例如，在积极组建协同创新平台的同时却忽略了制定与平台相配套的科研计划及经费预算；大科学装置与科研机构互动薄弱，集结大科学装置在建设管理中涉及众多部门，推进多部门协同合作模式存在一定难度。第二个维度是区域间创新协同力度不足。

目前四大综合性国家科学中心不仅与国际领先的科技创新中心交流互动较少，而且自身建设仍沿用"各自为战"的发展模式，相互之间亦缺乏交流合作与统筹协调，科技力量分散、协同基础薄弱，易导致科研成果基数大而质不优的局面，难以发挥技术的溢出效应，甚至会带来过度竞争或者恶性竞争的可能。此外，四地尚未共同发起国际大科学计划，不利于集聚国际科技资源以及加快科技创新国际化步伐。

（四）缺乏多元而稳定的经费来源

科学中心主要从事基础研究和前沿研究，属于"市场失灵"领域，不仅需要前期建设经费投入，更需后期稳定的非竞争性经费支持（崔宏轶、张超，2000）。目前，四大综合性国家科学中心的科研经费投入机制仍以政府公共财政支出为主，在平缓运行的情况下仍可为继，但随着进入"加速度"建设新阶段，政府财政单一投入与科研支出多元化之间的矛盾、政府财政预算的局限性与科研支出不确定性之间的矛盾日益凸现。例如，发达国家经验证明，大科学装置产出创新成果往往战线较长，在此期间需要长期稳定的政策法规保障以及持续的项目与经费支撑，其中大科学装置后续的人员经费投入，大多要占到建设经费的 10%~50%。但目前我国对大科学装置的投入有限且渠道单一，如果各个科学中心只注重建设运营却忽略后续投入，极易导致"纵向科研项目"资金不足，科研人员还要耗费时间精力去争取"横向科研项目"资金的尴尬局面，使科研人员无法心无旁骛地开展研究。

四、科技成果产业化具有一定局限性

（一）部分科技成果产出时间久且具有不确定性

"大科学装置"并不完全等于大产能，部分大科学装置要实现既定的科学目标，往往需要长达五年、十年甚至数十年的运行。例如，日本超级神冈探测器的目的是探测"幽灵粒子"——中微子，它几乎不和任何物质发生反应，很难被仪器探测到，从 1983 年建成至今，尽管对其进行了升级换代，但也只测到两次中微子的痕迹。再将目光转回国内科学中心，深圳光明科学城当前 9 个大科学装置普遍处于在建或前期谋划状态，初步估计从立项到建成再到产出成果，至少需要 5 年以上；合肥稳态强磁场实验装置于 2008 年 5 月正式启动建设，2017 年 9 月通过国家验收，过程历时 9 年；中国散裂中子源 2011 年 10 月正式启动建设，经历了 7 年建设期，并于 2019 年 2 月才完成首轮开放运行任务。此外由大设施衍生出的相关研究平台也需要较长时间。

（二）部分科研成果与地方产业发展存在脱节现象

合肥科学中心与怀柔科学中心的目标定位均是打造基础研究和原始创新策源地，其大科学装置也就更为注重基础研究与未来产业发展，其均未与当地战略性新兴产业充分结合，对重点发展产业的培育和支撑不足。例如，合肥超导托卡马克装置预计至少 50 年后才可看到产业化前景，怀柔综合极端条件实验装置、地球系统数值模拟装置、大气环境模拟装置等主要用于开展大气、深海、深地等地球科学基础研究。另外，设施建设模式依旧采取传统的中科院主导模式，并未积极吸引当地企业共同参与设施核心技术攻关以及关键设备研发，也未通过设施建设为当地企业积累一批核心技术与关键专利。

（三）科技与经济"两张皮"现象依旧存在

一是科技与经济尚未形成交叉互补的优势，高校、科研院所停留于知识创新阶段，过度注重"高大上"的论文、专利等科技产出，为了完成考核指标，甚至产出不少"垃圾文章"，忽视了市场需求；企业坚持以市场需求为导向，以技术创新解决"卡脖子"难题，却缺乏自主研发的能力，如 2019 年张江高科技园区经认定高新技术企业仅有 1092 家；[①] 2020 年合肥 2148 家规模以上工业企业中，开展产学研合作的企业仅占 23.9%。[②] 科技与经济之间的鸿沟所导致的结果就是在论文、专利数量暴增的同时，在高端技术领域仍旧受制于人。二是支持创新创业的资本市场体系亟待完

---

① 《上海浦东新区统计年鉴（2020）》。
② 《安徽统计年鉴（2021）》。

善，风险投资、天使投资较为缺乏，科技与金融难以深度融合，政策性担保、基金让利、股权融资支持等措施仍未深入推动。

（四）成果转化过程中科技服务能力不强

四大综合性国家科学中心现有的科技服务机构，大多是会计师、律师、税务代理等传统业态，而科技金融、知识产权、检测检验、技术转移、科技成果评估等科技服务机构数量较少。而且，这些机构存在服务功能单一、服务水平不高，服务企业和科研机构成果转化的能力不强等问题，难以满足新时代背景下企业对科技服务的需求。同时，懂技术懂市场的科技服务人才也较为短缺。

五、多元包容的科学文化生态尚未形成

（一）缺少城市独特的气质与文化

多元文化的激荡是科技创新的源泉，但目前四大综合性国家科学中心不仅建设目标、建设布局类似，而且在市政风貌、项目业态、文化环境上也呈现出千篇一律的局面。清一色的高楼大厦与钢筋水泥，人文关怀与人文情怀并未渗透于科学中心的规划细节中，自身文化特色与文化记忆也并未在城市建设中彰显与传承下来，地方政绩工程观与创新文化观之间呈现出强烈冲突。这在一定程度上不利于人才归属感的提升以及创新灵感的迸发，也会影响到创新企业的生存发展。除此之外，缺乏对多元文化的包容与吸纳也会遏制科技人才之间的思想碰撞与新思想的诞生，以及阻隔底层人口改变命运的机会。

（二）开放包容的创新创业氛围不够浓厚

开放包容的创新创业氛围是催生创新的土壤。北京、上海、深圳虽然是我国颇具世界影响力且开放程度最高的城市，但这种开放更多的是对国际市场的开放，对国内的开放特别是对底层的开放包容则稍逊一筹。尽管这些城市一直在积极营造"允许试错、宽容失败"的良好文化生态，但并未真正从思想观念上给予失败足够的重视，也未从返税补贴、研发费用补

偿、再创业启动资金以及培训服务等具体举措上对创业失败加以扶持，更忽略了基础研究人员"十年磨一剑"，随时会面临创新失败的属性，这就导致试错成本太高，人们在选择职业或开展创新创业时会更加谨慎小心，进而形成一种相对保守、安于现状的文化形态，不利于激励创新，特别是激励"草根"阶层的创新。

第二节　国外成熟经验借鉴

他山之石，可以攻玉。发达国家或地区的科学中心多以国家实验室、科学城、科学园、科技园等形式存在，它们的一些先进经验可以为我国综合性国家科学中心的建设发展、突破困境提供创新思维与有益借鉴。

一、管理模式

法兰西岛科学城实行协会管理体制，协会是负责管理科学城发展的机构，协会下设行政理事会、科学理事会、经济与社会理事会。科学理事会每年举行一次会议，最终决策由行政理事会作出。协会成员每年需出资作为协会活动基金。这种管理体制以资金管理牵头，带动行政管理和技术管理，使管理权力和利益风险挂钩，使责、权、利三者得到统一，对于投资大、风险高的地区发展十分有利。新加坡科技园也具有先进的园区管理模式，政府不断完善园区管理机制，由机构兼职管理到专设机构管理，此外，园区还通过系列重大改革和改建应对客户不断变化的需求，典型客户有汤姆逊路透社、国防科学组织国家实验室、国防科技局、微电子研究所等。

法国索菲亚·安蒂波利斯科学城建于 1969 年，是法国最大的科学城，在其建设过程中构建了多方参与的管理体制。一是在建设初期，就充分听取企业、基金会、协会等机构主体的建议，多方参与建设科学城管理体制，满足科学城内多方利益诉求；二是在建设成熟期，地方政府逐渐弱化对科学城的行政管理职能，采取基金会负责、政府扶持的市场化运作模式。

二、法律保障与规划引领

硅谷作为全球首屈一指的高科技产业区，其成长与成功均离不开美国联邦及加州政府所制定法律制度的有效推动，包括建立知识产权保护和专利制度；制定法律允许高校、科研机构、非营利机构和小企业拥有联邦资助发明的知识产权，推进产学研合作；根据产业发展和科学研究的需要适时修改移民法案，以吸引各类高层次人才等。

大德科学城在建设伊始，韩国政府就公布要将科学城转化为科学研究与生产相结合的"大德谷"，并于 1986~2004 年颁布 9 项法律法规，对科学城的开发、管理、外资、技术等方面进行详细规定，2005 年更是将大德科学城发展写入国家法案，其发展目标提升至国家战略层面。

在差异化协同发展的统一顶层设计方面，德国国家实验室系统受联邦政府与州政府共同资助，由分工明确的四大体系构成，其中马普学会主要从事基础研究，亥姆霍兹联合会主要从事基础研究和应用基础研究，弗朗霍夫协会与莱布尼兹联合会主要从事应用研究等公益性研究。

三、政策支持

台湾新竹科学园成立于 1980 年，依托台湾清华大学（NTHU）、台湾交通大学（NCTU）等著名高校，以及靠近台北大都会和便利的交通等优势，成为台湾高技术企业发展的主要拉动力之一。新竹科学园制定了一系列有利于投资的优惠政策：一是税收优惠。园区企业进口的自用机器设备、原料、燃料等，均免征捐税；园区货物或劳务外销者，免征货物及营业税；企业入园前 5 年免税，正式营业前 9 年连续免缴所得税，以后每年缴付的所得税不超过盈利的 22%。二是资金扶持。政府设立了多项科技自主资金帮助企业技术创新，对于符合条件的重要产业领域的企业，园区以直接投资或优先给予长期优惠贷款等财政金融手段予以扶持。三是土地厂房便宜。园区以低廉的价格出租厂房和设施给厂商，被认定为对科技有特殊贡献的工业投资，可减免土地租金 5 年。

四、多元化经费保障

北卡罗来纳州三角研究园是美国最早、规模最大的研发产业园，产值居美国科技园第二，仅次于硅谷。园区构建了多元化的经费来源渠道，为科技创新提供资金保障。首先，园区依靠政府财政支持。在规划之初，州政府拨款 200 万美元，成立研究三角园委员会，对其进行规划、建设和管理，并对三所高校、实验室、办公设备和私人企业等进行帮扶。其次，企业设立奖学金及项目基金。三角园在吸引大型企业的同时也得到他们的资助，如卡耐基、联想、微软、诺华公司等每年为培养拔尖创新人才设立多个奖学金项目，以支持学生创新发展，同时为毕业生提供创业基金，帮助高校人才实现创业梦想。最后，研究人员获得商业资金。风投公司、独立基金会、私人募捐等也为高校人才创新和技术转移提供了支持，如奥斯卡百年基金（CVP）成为促进北卡罗来纳州立大学实现技术转移的关键因素。

五、人才支撑

英国剑桥科学城由剑桥大学三一学院于 20 世纪 70 年代初创办，科技和人才是其快速发展的两大关键优势。剑桥大学之所以拥有一批造诣颇深的学者和举世公认的科学家，吸引并培养出大批优秀青年才俊，在于其深化体制机制创新，建立了高水平人才引进管理机制。首先，剑桥大学为教研人员制定了短期合同工作方式，待合同期满，如不想留在剑桥便可步入业界；其次，剑桥大学鼓励教师在完成教学任务的前提下，到校外兼职，这一措施为教师创办自己的公司提供了现实性条件；最后，剑桥大学规定专门技术的知识产权归教师个人所有，提高了教师将其专利技术商业化的积极性。

印度班加罗尔国际科技园创建于 20 世纪 90 年代，由卡邦工业区发展委员会和新加坡国际财团合资建设，园区入驻企业约 75% 是跨国企业，绝大多数是 IT 产业及相关服务业，一半的企业业务是软件开发，经过几十年发展，已成为印度软件之都。班加罗尔的科研优势明显，印度理工学院、印度管理学院、印度国家科学院等众多知名高校、科研机构聚集于此，每年可为社会输送数万名工程技术人才。政府推出"双重国籍""海外印度人日"等创新举措，推动了海外的印度人才回流，历届政府在税收、股权、金融、薪酬、来去自由、创业辅导、子女教育等方面制定了一整套优惠政策，吸引大批国外顶尖人才为印度服务。

六、科技创新资源集聚

英国的苏格兰高科技区是英国高科技产业的中心，其重点领域的科研优势是促进发展的关键因素。苏格兰的大学科研机构，在人工智能、光电技术、超大规模集成电路等重点科技领域有显著的科研优势，苏格兰许多高校都设有与电子工业相关的院系，其中爱丁堡大学沃尔夫森研究所是世界著名的微电子研究机构之一。同时，通过加强科研机构与工业的联系，如大学、科研机构与电子工厂签订科研项目合同，在促使科研成果转化的同时帮助高新技术企业解决技术难题，实现了一举两得。

法国索菲亚·安蒂波利斯科学城建设发展过程中高度重视各类创新资源的集聚。一是吸引法国国家科学研究院、国立农业研究院、国立农业研究院、国立计算机及自动化研究院等国内著名研发中心，集聚大量科技资源。二是通过建立企业俱乐部、行业协会等组织机构，促进创新要素交流与碰撞，如电信谷协会就是由电信行业领域的企业和科研机构组成。三是完善技术转移机构、企业孵化器、风险投资等多元化创新服务网络，促进人才、技术和资金等创新要素的融合。

七、产学研合作

俄罗斯新西伯利亚科学城始建于 1957 年，旨在以跨学科方法解决生态、能源等人类面临的全球性紧迫问题。科学城以"科研生产联合体"模式引领发展新路径，一是构建产业链生态。科学城内设有信息技术、仪器制造、生物技术、纳米技术 4 个企业孵化器，为企业提供配套供应商与生产商，提高科技转化效率。二是打造产业创新链。科学城通过部门或跨部门科技实验室、研究所下属设计局、大型科研综合体等平台，整合科研、生产、投资、教育资源等，打造全产业链。

德国阿德勒斯霍夫科学城是德国最大、欧洲排名第四的科技园，现已形成涵盖基础研究、产品设计、实验验证、市场推广等完整的产学研链条。科学城鼓励支持高校、科研院所与企业深度合作，以产学研一体化打造内生性创新园区。洪堡大学①及科研机构②在企业生产车间内都设有实验室，科研人员与工程师形成研发团队，实验室的新技术可立即在生产线上检验应用，以提高技术转化效率。同时设立多个科创孵化中心、技术中心、检测分析中心等，营造出完善的创新生态链。

八、创新创业支持

美国波士顿 128 号公路是美国甚至世界闻名遐迩的科技创新高地，各级政府对创办企业的个人及组织，提供科研资助与风险基金，采取措施帮助中小型科技型企业发展壮大。一是成立专门机构，提供协调和信息服务。马萨诸塞州经济发展厅设立了"商务发展办公室"并配备经验丰富的专业人员，重点为 128 号公路地区企业提供无偿信息服务，如解答企业进驻条件、税收政策、法律事务等。二是提供经费支持。专业人员和企业可申请联邦政府的科研经费，根据项目规模与前景，每个项目首期投入 10 万 ~ 30 万美元不等，1 年后经评估合格，再投入 100 万美元，如若失败则企业无须偿还风险投资。三是减免税收。经政府认定以创新研究或新产品开发为特征的科技企业，可享受 3% 的税收减免，购买科研、办公用品时免交销售税。

---

① 洪堡大学包括柏林洪堡大学化学研究所、计算机科学研究所、数学研究所、物理研究所、心理研究所和地理研究所等六大研究机构。

② 科研机构包括联邦材料研究与测试研究所（BAM）、勃兰登堡工业大学航空化学研究所（BTU）、德国航空航天中心（DLR）、亥姆霍兹柏林材料与能源研究中心（HZB）、莱布尼茨分析科学研究所（ISAS）、玻恩非线性光学和超快光谱研究所（MBI）、德国国家计量研究所（PTB）等。

九、宜业宜居生态环境

日本关西科学城是日本第二个科学城，不同于筑波科学城以官方为主导，自然科学为中心，关西科学城是以民间研究所为中心，充分发挥了民间活力。基于之前筑波科学城因没有多姿多彩的城市生活而无法吸引人才常住的教训，关西科学城集科研与生活于一身，打造了一个为人才提供居住、工作、生活、休闲、娱乐等多项服务，以及充分融合城市文化、城市历史、自然生态的多元开放的综合型城市。在科学城建设之初就经过系统考虑，预计未来将吸引不同国籍、种族、性别、年龄和职业的学者来此开展学术研究，因此各项设施都进行多边开发，打造24小时运转的信息化城市。此外，关西科学城选址于东京、大阪、奈良的三角地带，到达三地均在半小时之内。

韩国首尔LG科学园区是世界上最大的企业研发园区之一，其低矮的建筑与随处可见的树木，让人感觉像是置身于大学校园一样自由奔放，这样舒适与充满人文关怀的环境，可以使园区的科研工作者们从日常生活中获取灵感，快乐地沉浸于工作中。此外，还营造了颇具自身特色与文化记忆的园区文化，方便研究人员可以自然地沟通交流并在业务中创造协同效应。

第三节　关于综合性国家科学中心建设发展的几点建议

无论从全球或者全国层面来看，张江、合肥、怀柔、大湾区均具备建设综合性国家科学中心，代表国家参与全球科技竞争与合作的独特优势与雄厚实力，但在政策法规保障、人才支撑、科技创新、产业发展、生态环境建设等方面也依然存在若干瓶颈问题。建设综合性国家科学中心，既要有长远谋划，也要正视现实困境，应从以下五个方面着力推进。

一、为综合性国家科学中心的建设发展提供法制保障与规划引领

（一）提供有助于科技创新的法制保障

针对综合性国家科学中心，尤其是作为其核心承载区的张江科学城、滨湖科学城、怀柔科学城、光明科学城应分别制定适合其自身建设和发展需要的法规条例，条例应对科学城治理结构、建设运营、科技创新、科研成果产业化、产业发展、知识产权、人才支撑等方面进行严格规范与立法固定，推动科研、技术、产业、人才和资本之间实现良性互动。

（二）加强大科学装置管理

各地应结合自身实际，在《国家重大科技基础设施管理办法》的基础上制定更为细化的重大科技基础设施管理细则，对大科学装置建设运营过程中的项目决策、权责分工、经费预算、项目管理、建设管理、运行维护、绩效评估、人才培养、开放共享、知识产权管理以及设备退役等方面进行明确与规范。

二、创新人才引进模式与机制，打造具有全球竞争力的高水平人才高地

（一）拓宽引才渠道

充分发挥市场化机制作用，探索政府牵头、用人主体主导、市场化机构实施的引才模式，支持科学中心引进更多市场化运作的人力资源机构，提升人才引进的精准度与成功率；充分调动国际猎头等人力资源服务机构的积极性，搭建平台积极促成其与科研院所、研发机构和企业的合作；坚持"走出去"与"引进来"相结合，支持科学中心的企业建立海外研发中心，就地吸纳国内外顶尖人才"为我所用"。

（二）搭建人才数据库

四地应建立集信息储存、沟通联络和信息发布为一体的国内外顶尖人才数据库，绘制人才地图，动态展示顶尖人才在全球的分布、流动状况，精准对接科学中心紧缺急需的"高精尖"人才；定期组织科学中心重点单位赴外开展引才活动，加强与海外行业协会、风投公司等机构合作，发掘优秀人才和优质产业项目。

（三）加强急需紧缺领域引才

在综合性国家科学中心的建设发展中，对高端人才的引进应聚焦生命科学、新材料、新能源等重点产业领域，通过"领军人才＋创新团队＋创新项目"的方式，招募海内外顶尖科研人才及团队；把握人才回流机遇期，突出对技术转移转化、知识产权服务、科技金融等科技服务人才的政策倾斜，加快形成集聚带动效应。

（四）进一步落实人才减负工作

针对目前科研人员工作压力大、负担重、时间长、考核多、无法静心做研究等困境，建议减轻科研人才考核压力，建立基于学术本位的科研管理和评价体系，减少不必要的检查、评奖，营造"十年磨一剑"学术氛围；同时还应完善高校、科研机构相关制度规范，减少科研工作者不必要的行政事务，打通政府部门间科研项目管理系统，减少信息的人工重复填写等烦琐事务。

（五）创新人才激励机制

加快形成以增加知识价值为导向的收入分配机制，支持科学中心内的科研机构试点不定行政级别、不定编制、不受岗位限制，实行综合预算管理，建立具有国际竞争力的薪酬体系，推广使用"薪酬谈判制"，最大限度地激发人才创新活力；利用财政经费取得的职务发明成果及其转化后所得全部收益，不涉及国家安全、国家利益和重大社会公共利益的，可给予人才及其团队不低于收益额一半以上的报酬。

（六）分类分层完善人才评价标准

对基础研究和前沿技术研究人才，应突出中长期目标导向，着重评价研究质量、原创价值和实际贡献，对应用研究和技术开发人才，坚持市场发现、市场评价、市场认可，把人才享受的薪酬待遇、创造的市场价值、获得的创业投资等作为人才评价的重要依据；探索建立与国际接轨的人才评价体系，为内地人才"借船出海"到"一带一路"沿线国家执业提供渠道。

三、多措并举加大科技创新力度，营造良好的科研生态

（一）加大基础研究投入力度

四地应优化完善研发投入的政策体系，健全支持基础研究、原始创新的体制机制，提升基础研究支出在研发经费内部支出中所占比例，引导企业和金融机构以适当形式加大投入，为基础研究提供持续稳定的经费支持。

（二）打造具有竞争力的科研管理制度

赋予科研人员职务科技成果所有权或长期使用权，探索政府资助项目科技成果专利权向发明人或设计人、中小企业转让的利益分配机制；优化财政科技资金支持机制，实行经费包干制，适当提高间接费用比重，给予创新主体更多的自主权与主导权；探索科研创新容错机制，构筑科研诚信"防火墙"。

（三）推进顶级科创资源高度集聚

四地应与上级部门积极保持信息沟通，主动争取符合科学中心定位、关联性强的顶级科研机构落地，如国家实验室、国家重点实验室等；吸引符合科学中心发展定位的国内外一流高校设立分校或科研机构；强化国际交流合作，通过成立国际科技合作组织、举办国际科学研讨会、发起国际大科学计划等方式，集聚一批顶级科技创新资源，打造国际化的综合性国家科学中心。

（四）探索多元投入保障制度

以财政投入作为单一融资渠道容易导致"公共性悲剧"（崔宏轶、张超，2020）。在适当加大财政科技投入占 GDP 比重，发挥财政投入主导作用的同时，应建立符合综合性国家科学中心实际的经费保障机制，形成由日常财政经费、政府引导基金、科学中心建设专项资金、企业及金融机构募资以及社会力量等共同参与的多元投入机制，为科学中心建设发展提供持续稳定的资金支持。

四、促进科技成果转化应用，培育产学研协同创新生态

（一）突出科研设施平台对产业发展的支撑作用

综合性国家科学中心大科学装置和创新平台的规划建设应充分考虑战略性新兴产业发展需求，扬长避短，放大技术创新与产业化优势。应围绕国家重大科技攻关需要和战略性产业发展目标，广泛邀请国内外企业家、产业专家、技术专家、投资专家等参与前期论证，把握好科学研究与技术突破的平衡点，联合企业开展技术原理创新，实际分配应适当向企业倾斜，进一步促进战略科技力量布局、科研能力建设与产业需求无缝衔接。

（二）深化产业与教育深度合作

开展应用型人才培养机制，着力培养以德为先、能力为重、全面发展的科研工程师队伍。调动好高校与企业合作的积极性，将企业的培养环节前移至高校，建立以就业为导向的"订单式"定向人才培养模式，强化校企联合。实行校企"双导师制"，鼓励经验丰富、做出突出贡献的企业家、科技人才担任科学中心的高校、科研机构、重大创新载体的"产业导师"以及政府部门的经济顾问，参与相关经济政策制定，助推科研成果就地转化。

（三）促进科技与经济深度融合

实施需求导向项目形成机制，支持企业提出共性技术需求榜单，广泛征集揭榜单位，协同开展核心关键共性技术攻关、重大装备和关键零部件

研制，推动"企业方出题、科研界答题"模式落地。选取生物医药等科学中心重点发展行业的细分领域，推动领军企业联合科研院所、高等院校力量建立校企创新联合体，以企业为核心组织实施行业关键技术协同攻关。破除高校、科研院所"唯论文""唯项目"评价机制，鼓励科研人员面向市场需求开展调研，强化以成果转化、实际贡献和创新质量为导向的评价机制。加大创新创业资本支持力度，解决创新创业企业资金来源问题，鼓励天使基金、风投基金、创投基金等风险投资主体对科技项目提供融资服务，促进科技与金融深度融合。

（四）打造科技引领型现代产业体系

在科学中心加强创新企业梯队培育，以专精特新企业为重点，以"小巨人""瞪羚企业""隐形冠军企业""独角兽企业"为引领，形成大中小企业梯次并进的创新型企业新矩阵。打造科技服务产业集群，争取检验检测认证、知识产权、技术转移转化、创业孵化服务、科技咨询服务等领域服务机构落地集聚，构建以科技服务业为引领的现代产业新格局。

（五）完善科技成果产业化链条

完善四大综合性国家科学中心的高校、科研机构成果产业化机制，聚焦概念验证、技术熟化、商品试制、检验检测等关键环节，着力布局一批概念验证中心、检验检测中心、中小试基地、成果转化基地等，推动更多科技成果沿途转化。构建"众创空间—孵化器—加速器"全链条成果孵化体系，建设功能型中试服务平台；布局建设产业创新中心、制造业创新中心，承接利用重大科研平台形成的重大科技成果，建立成果转移扩散机制，加快创新成果产业化进程。

五、坚持传承与创新双向导，打造多元包容魅力的科学文化生态

（一）涵养颇具自身特色的城市文化气质

在综合性国家科学中心的文化软实力提升方面，应加强对城市古建

筑、古街道等历史遗产的保存与保护，并将自身文化底蕴与文化记忆在不断"科学化"的进程中"薪火相传"下来，实现文化传承与科技创新的同频共振，避免文化固化与舍本逐末。因此，在综合性国家科学中心宜业宜居环境的建设中，应以"集科研与生活于一身"为宗旨，在满足人才居住生活、工作学习、创新创业、医疗健康、休闲娱乐等多方面需求的同时，将传统文化与历史血脉融入充满科学魅力与创新创业气质的生态氛围中。

（二）营造包容失败的创新文化生态

破除在科技创新过程中"只许成功、不许失败"的陈旧观念，努力营造鼓励创新、宽容失败的社会氛围，推动形成尊重人才的社会风尚。建立健全"宽容失败"的政策与制度保障体系，不仅要宽容失败者，更要善待失败者，对在科学中心创业失败的科技型企业家，应鼓励他们"胜不骄、败不馁"，继续积极大胆地申请新的技术开发或科研项目，并为其提供再创业的启动资金支持与培训服务，鼓励他们"从头再来"。对因特定原因导致的项目研发失败，也可给予该企业或企业家一定的研发费用赔偿或返税补贴，营造宽容失败的创业氛围。

第八章

综合性国家科学中心差异化协同发展的逻辑基础与实现路径

本章在分析差异化与协同之间逻辑关联性的基础上，从区域协同联动、人才协同发展、科技协同创新、产业协同共建、城市文化对接五个维度提出四大综合性国家科学中心差异化协同发展的路径选择。

第一节　差异化协同发展的逻辑基础

现如今，创新已经由单个区域的"孤立创新"走向多个区域的"协同创新"。伴随着"双循环"新发展格局、区域经济一体化的加速推进以及中央向地方的逐步放权，各地方政府的相关性愈发明显，即相互之间的差异化协同发展现象愈发频繁。一方面在差异化发展中寻求优势互补、相互合作，从而提升各个主体的竞争优势；另一方面在协同合作中寻求利益共同点，实现多方共赢与资源配置的"帕累托最优"，进而达到一种动态平衡的空间竞争与合作关系。差异化协同发展的重要性毋庸赘述，近年来国家经济社会持续向好运行的关键就在于区域之间合作交流的不断深化，使空间区位、资源禀赋、产业结构、发展程度均不同的区域承担了不同的功能，促进要素资源更加合理有效地流动，从而形成单个主体无法达到的规模效应与集聚效应，实现所有个体的利益最大化与区域一体化发展。

一、差异化是协同发展的基础

同质化难以合作，差异化更易合作。差异化为区域间的合作与协同发展提供了可能性，是协同发展的基本前提；而协同发展又促使具有明显差异化的主体相互发挥优势互补作用，实现共同进步。根据第二章所分析的"协同理论"，若系统内部子系统间通力配合协调运作，则系统整体性能可发挥出来，可获取比原来"单打独斗"时更多的收益。相反，若子系统间相互掣肘、相互干扰，则各个子系统难以发挥其自身功能，无法产生协同效应。要达到这种"1+1>2"的联盟协同效应，各子系统之间的相互合作、差异互补是基础与前提。因此，要实现区域协同发展，就要冲破"自给自足"的区域发展格局，在坚持差异化发展的同时，从优势互补的角度去制定共同的合作规划，使区域之间在彼此的配合与联系中赢得任何个体都无法超越的最大化利益。

二、多方共赢是差异化协同发展的结果

基于博弈论的观点，当区域之间以竞争的方式追求自身利益最大化时，往往面临的是"零和博弈"的结果，即一方的收益等于另一方的损失（哈尔，2006）。出于本位主义考虑，各个地方都会有强烈的竞争动机以便从对手那里获得好处，但这样的结果往往会对经济社会的发展带来负面影响。而区域间的差异化协同发展则强调"正和博弈"，即不同区域之间的合作应以合理的利益分配机制为前提，在利益分配时要均衡各方的利益需求，避免不平衡分配甚至出现强者愈强、弱者愈弱的"马太效应"，以深化互信为基础，才能实现多方共赢的局面。

三、差异化协同发展是更为高阶的竞争

1996 年，美国学者内勒巴夫和布兰登勃格（Nalebuff and Brandenburger, 1996）首次提出了合作竞争的新理念，他们认为合作与竞争是可以共存

的。有竞争才有进步，于地方政府而言，竞争与合作是对立统一的，没有合作的竞争必然导致无序与混乱，而没有竞争的合作则会导致缺乏发展动力与压力。总之，竞争是区域互动的常态，而合作只是各主体达成各自目标的一种手段。因此，差异化协同发展并不是摒弃竞争，而是一种更为高阶的竞争。例如，若竞争是各区域对一块"蛋糕"的争夺，差异化协同发展则是共同将"蛋糕"做大，并在此基础上将"蛋糕"合理分配，以保证各方都得益。差异化协同发展在将"蛋糕"做大的过程中主要体现的是合作，但在分配过程中则包含着竞争。这里的"蛋糕"主要是指人才、信息、技术、创新要素等能为区域发展起到重要作用的资源。整个过程既囊括竞争之好处——做大"蛋糕"，又容纳合作之优点——避免竞争的负面影响，建立一种和谐有序的竞合环境，分配到比独自发展时更大的"蛋糕"。这就是更为高阶的竞争的内涵要义所在。

第二节 四大综合性国家科学中心差异化协同发展的路径分析

区域差异化协同发展战略是解决发展不平衡的一把金钥匙。张江、合肥、怀柔、大湾区这四大综合性国家科学中心各自拥有独特的区位优势、创新资源禀赋优势、制度优势，具有实施差异化发展战略的充分条件；同时激烈的区域竞争在推动经济社会快速发展的同时，也不可避免地产生诸多负面效应，如"画地为牢"的发展理念、相似的发展定位、重复建设的创新资源以及产业结构同质化等问题已成为四大综合性国家科学中心必须关注的重要课题，此外四地在招商引资、争取项目、抢抓机遇上仍秉持着一种"零和博弈"的心态，这就为实施协同发展战略提供了必要条件。因此，差异化协同发展可以说是今后我国四大综合性国家科学中心高质量发展的优选之路。

一般来说，区域协同发展战略往往落地生根于地理位置相邻的城市群，如粤港澳、京津冀、长三角、成渝等，且这些城市群由于发展不平衡现象产生的"虹吸效应"，使中心城市"丰腴"而周边地区"瘦弱"

现象已成常态。但四大综合性国家科学中心在空间距离上相隔较远，实力相差也并不悬殊，与国家战略部署以及学术领域探讨的区域协同发展似乎并不一致，若其他城市群协同发展的目的在于遏制区域发展差距扩大的趋势，实现"以强带弱"，那么四大科学中心协同发展的目的则是"珠联璧合""相得益彰"，有效带动全国的高质量发展，这就导致本书提出的发展路径与之前研究有所不同。同时，在强强联合的背景下，四大综合性国家科学中心的差异化协同发展也必将是一个长期的实践过程，为达到这一目标，应坚持以下几方面的原则：一是整体性原则。四地在制定发展规划与战略决策时，不仅要从自身实际出发，还应顾及对其他三地的影响并权衡整体利弊，以期达到优势互补与相辅相成。二是互动性原则。互动性既贯穿于合作的全流程，又体现于竞争的全过程。打破目前四地各自为战、鲜少交流的孤立发展状态，合作时应加强沟通、密切配合，寻求最理想的合作模式；竞争时应充分发挥自身比较优势，注重在竞争中相互学习、寻求有机合作。三是逐利性原则。每一行为主体做出最优决策的出发点都在于自身利益最大化，因此，四地无论开展竞争或是合作，也应是为了更好地解决发展难题并获取利益，促进相向而行，实现共同进步。

接下来，本章将以这三大原则为遵循，从区域协同联动、人才协同发展、科技协同创新、产业协同共建、城市文化对接等方面提出四地差异化协同发展的五大路径，为更好地取长补短，打造一个以和而不同、差序格局为特征的区域发展格局，共建良好的创新生态系统，实现"1+1+1+1>4"共赢局面提供思路。

一、进一步加强区域协同联动

四大综合性国家科学中心的差异化协同发展目前来看仍是一个美好的愿景，若真正实施起来，在政策机制衔接方面就会面临重重阻碍。首先，无论是国家层面或是地方层面，尚未专门就综合性国家科学中心出台统一或各自的发展规划，对其建设目标、战略定位等没有明确界定，甚至概念也从未达成统一准确的共识，这在一定程度上会导致四地发展战略与定位趋同，不利于差异化发展。其次，目前仍缺乏国家层面或四地合作设置的能够真正意义上发挥牵头统筹功能的区域协调机构，也缺乏有力的政策工具与利益协调机制来助力四地协同发展目标的实现，制度化程度较低，强制性与权威性不足，这就导致无法充分应对外部环境变化，相关问题无法在同一层面进行充分沟通，若面临涉及各方关键利益的复杂问题，更是束手无策、难于推进。最后，张江、合肥、怀柔、深圳四地政府在中央管控下各自对管辖的区域负责，但行政级别的差距使四地之间很难形成相对平等的协商环境，在一定程度上会阻碍创新举措的顺畅落地，使区域协同发展面临不顺畅的窘境。

因此，笔者建议从以下几方面加强四大综合性国家科学中心的政策与制度衔接。

（一）制定统一层面的发展规划

要打破各地"一亩三分地"的守旧观念，则必须顶层规划先行。差异化发展首先要有差异化的发展定位，建议围绕国家科技战略整体布局，在国家层面就四大综合性国家科学中心的战略定位、发展目标、资源配置等制定统一的发展规划，以规划的统一性解决四地在人才发展、科技创新、产业分工、基础设施建设等领域的差异化协同发展问题，强化区域间的协作与分工，以及政策与规则的有效衔接，避免发展定位趋同、资源浪费与重复建设等问题，加强"一盘棋"统筹。此外，各科学中心也应制定具体的中长期发展规划，进一步强化顶层设计、提出目标愿景，为今后的建设发展谋篇布局并提供遵循指引。

（二）建立可发挥牵头抓总功能的区域协调机构

建议由中央牵头或四地合作，建立可进行长期规划，可在四地政府之间搭建利益协调机制与沟通协调机制，能够有针对性地协调各方诉求的区域协调机构。区域协调机构应定期召开由四地主要领导参与的联席会议，研究决定四大科学中心协同发展的重要事项，明确双方在科技创新、产业协同、人才发展、规划衔接、项目投资、开放市场、交通基础设施对接、体制机制创新等领域的合作目标及方向。

（三）制定有约束力的区域协同发展规则

从国外的经验来看，无论是国家层面抑或是地方层面的合作，通常都有相应的法律法规进行约束，如欧盟各国的合作有欧盟条约等。尽管我国还不具备出台区域协同发展相关法律的条件，但可在各部委具体管理层面，形成要求四地参与区域一体化发展的相关行政规则，若地方政府不遵守这一规则，就应当启动行政问责程序，以增强权威性与约束力，提高制度化规范化水平。

（四）发挥多元主体的作用

以纽约湾区为例，其区域协调治理模式与其他国际湾区有所不同，在不同行政单元的一体化发展受到行政边界制约的现状面前，纽约湾区陆续建立纽约市发展委员会、跨洲合作机构纽约港务局、纽约住房与区域规划委员会、纽约市发展委员会等具有非营利性的非政府区域协调机构，共同制定规划、配置资源、管理事务，改善政府单一主导模式下行政管理的不足，促进跨区域协同治理（符天蓝，2018）。因此，建议四大综合性国家科学中心充分借鉴纽约湾区先进经验，发挥多主体、多行业、多部门协同作用，建立以各行业主管部门、社会组织、科研机构、企业、智库、民众等为参与主体的发展委员会，鼓励委员会各个成员深度参与四地差异化协同发展规划与方案制订，形成工作合力；鼓励各成员在重大事务决策过程中开展"头脑风暴"，提出意见建议，精准解决四地合作中遇到的问题与瓶颈。

二、进一步加强人才协同发展

人才是综合国家科学中心的第一资源与核心竞争力，是科技创新活动的引擎主体。目前，四大综合性国家科学中心在人才协同发展方面仍面临愈演愈烈的"人才争夺战"以及合作机制不健全等问题，尚未畅通人才大循环，构建区域人才发展一体化格局。其一，四地共同引才竞争有余而合作不足。根据香港特区立法会 2020 年《全球争夺人才调查报告》介绍，"近年内地城市纷纷加入争夺人才竞赛，以求带动当地经济增长，并配合国家推动以创新为主导的高质量经济发展"。近年来，国内各个城市为抢抓人才资源各出高招，奖励金层层加码，服务配套你追我赶，形成了爱才惜才的良好局面，但也出现了"抢夺战"式的无谓内耗，还容易产生经济越强、奖励越高、人才越多的"马太效应"，张江、怀柔、合肥、深圳四大科学中心也无一例外地加入了"人才争夺战"行列，不利于构建人才新发展格局。其二，缺乏顶层设计与统一规划。顶层设计的缺乏导致四地引才更多的是"单打独斗"而非"抱团引才"，如四地合作统筹的力度不够、尚未建立统一的联合引才机制与联合引才平台、人才合作开发的目标定位不够明确等问题有待于进一步解决。此外，四地尚未制定联合引才清单，各地的急需紧缺人才引进目录均由本地政府主导，并未充分考虑其他三地实际情况，这会造成多方规则衔接存在偏差，联合引才达不到预期效果。

接下来，本书建议从以下几方面加强四大综合性国家科学中心的人才资源共建共享。

（一）创新四地"联合引才"新模式

建立健全四大综合性国家科学中心"一站式"考察调研服务机制，纾解人才来四地创新创业信息不畅、衔接不顺等顾虑和困境，将人才"流量"转化为人才"存量"；根据区域发展定位与需求，联合四地共同制定引才政策包与人才需求清单，坚持人才发展布局与区域发展布局相匹配；推行"组团式"引才，联合四大科学中心知名高校院所、人力资源专业服务机构、知名企业等机构"组团"赴海外引才，支持四地高校、科研机构、企业"一对一"联合新设分支机构，组建"引才共同体"，共同确定引智计划、人才名单、薪酬待遇、工作条件、考核评价、收益分配、生活保障等相关事宜；拓宽引才视野，既瞄准创新大国，也紧盯关键小国，特别是"一带一路"沿线国家在基础研究、工程技术等领域储备了不少高水平人才，争取为我所用；探索设立国家自然科学基金"综合性国家科学中心联合引才"专项，加快建设"高精尖紧缺人才蓄水池"，促进全球人才在四大科学中心之间便利流动，形成全球引才合力。

（二）推动四地"联合育才"新思路

在签订合作协议的基础上，通过成立四地科技产业专责小组、人才交流合作专责小组的形式，明确重点合作领域、合作方式，并选定一批重点合作项目；聚焦四大综合性国家科学中心人才培养的共性需求和人才差异化发展特点，不断加大共建实验室以及重大科技基础设施等平台的开放共享力度，有效拓宽人才培养路径；围绕基础研究与原始创新的强大外溢效应，从产学研协同创新全链条上加强育才平台的共建共享；围绕各科学中心重点发展的科技前沿领域，召开战略科技人才峰会、大科学装置人才研讨会等活动，建立综合性国家科学中心学术共同体，激励青年科学家自由探索，加强四地之间的人才合作交流。

（三）画好四地人才共用共享"同心圆"

将"零和博弈"的人才竞争转化为"正和博弈"的人才共享，促进人才在四大综合性国家科学中心之间有效流动和优化配置，推动形成"不求所有，但求所用"的人才共享机制。探索在四地之间互设"人才飞地"，打造一批位置多元、配套完善的空间载体，建立互为"二房东"工作机制，允许人才及其团队享有充分的"身份自由度"，按照各自运营理念与模式开展科研工作和业务；探索"学术休假"式柔性用才模式，鼓励科研人员以学术休假的方式离开本机构职位去其他科学中心开展研究或学术交流，以思想交流碰撞的方式解决科学与技术课题；建立灵活用人制度，通过整合完善综合性国家科学中心人才共享信息平台，建设以人才供求为核心的综合性、多样化、专业化的区域人才信息资源库，推动四地人才资源交流共享，构筑"大人才"工作格局。

三、进一步加强科技协同创新

自综合性国家科学中心陆续获批建设至今，四地积极推动科研机构与创新平台载体的建设培育，涌现出了一大批科技成果走向市场，建立起了互融互通、并驾齐驱的"创新高速路"。在高速发展的同时，一些有关四地之间差异化协同发展的问题也渐渐"浮出水面"。例如，部分科创资源存在重复浪费的现象。以建设综合性国家科学中心为契机，四地开始"你追我赶"地加速布局建设各类高校、科研院所及创新平台，经过几年的发酵，这一竞争行为引发的问题逐渐显现。具体表现为统一层面的科技资源统筹协调机制不完善，产生由信息不对称所导致的资源浪费与重复建设；科研机构，尤其是新型研发机构的"星火燎原""遍地开花"之势，衍生出定位不清、模式不清、低水平重复、同质化竞争、碎片式扩张等问题，在一定程度上制约了科技创新能力的提升。例如，科技资源的开放共享程度不高，大型科学仪器设施多采用"依托单位建设、依托单位管理"的模式运营，产权与管理权被垄断，导致很多仪器仅限内部使用。此外，现有科技创新资源共享平台仍存在收费贵、培训难等问题，各个创新主体间也缺乏关于科研条件与资源的共享机制，这些情况都不利于科创资源的充分使用。

四大综合性国家科学中心聚焦研究领域与目标定位各有倚重，如怀柔关注物质、空间等基础研究，承接国家科技创新重大项目；张江聚焦量子信息、基因技术等未来产业领域；合肥则紧扣信息、能源等基础领域，虽具备差异化发展的优势基础，但也无法实现"包打天下"。另外，应加强四地之间的科技创新交流互动，实现差异化协同联动发展。

（一）强化科技资源统筹

四地政府需进一步细化发展定位与管理规程，形成有效的科技决策和协调机制，避免资源重复浪费、"新瓶装旧酒"。具体来说，应通过撤、并、转等方式优化科研机构布局，对实力强、科研产出多的科研机构，可进行优化提升，增强区域创新能力；对重复建设、实力弱、项目少的科研机构，可进行撤并整合；对市场化程度高、产业基础设施比较完善的科研院所，鼓励引导其进行转制，孵化出一批拥有先进技术支撑的科技型企业。

（二）加快构建区域科技资源共享平台

加强顶层设计，整合四地现有科技资源共享平台，加强优质资源有机集成，构建高质量的科技资源共享平台体系；支持在四地之间建立科技资源共享联盟，鼓励依托联盟搭建科技资源共享平台，设立科技资源共享利益分配机制和财政奖补机制，推动重大科技基础设施、大型科研仪器、科技文献、科学数据、生物种质等科技资源跨区域共建共享，促进区域创新资源优势互补和高效利用，助力技术成果转移转化；举办综合性国家科学中心重大科技基础设施建设与应用合作研讨会，凝聚多方智慧力量，共同前瞻谋划大科学装置的未来发展。

（三）联手共同发起国际大科学计划

支持四大综合性国家科学中心具有全球号召力的战略科学家联合发起国际大科学计划，重点培育生命健康、碳中和、数字经济等优势领域的大科学计划项目，允许外资研发机构参与本地财政科技专项，以期突破对技术引进、吸收和模仿的路径依赖，推动重大科学理论创新，主动融入全球创新网络。

（四）跨区域共建共享优质科研教育资源

通过在异地互设校区、共建共享就业实习基地等形式，提升四地优质科教资源的扩散与辐射效应；建立四地博士生（后）联合培养机制，加大联合培养力度，探索设立综合性国家科学中心高校协同办公室或教育合作基金等，推出"博士生交换培养项目"，以学生交流带动科研合作；设立综合性国家科学中心一流高校联合实验室，增强高校的原始创新能力，借助区域内研究型高校的力量，合力打造一批颇具国际影响力的学术期刊与学术交流平台，举办全球性的科技创新论坛，增强中国学术的国际话语权。

（五）探索开放协同的技术攻关新模式

聚焦四地科技领军企业"卡脖子"难题，通过"揭榜挂帅"等方式，就地开展定向悬赏攻关；实施综合性国家科学中心科技计划项目，建立"一方出题、三方答题"新机制，协同开展重大科技项目及核心技术攻关；合肥、怀柔侧重"基础研究"，以形成依托中科院、科研院所和一流研发机构承担国家科技任务的举国攻关模式，张江、深圳侧重"应用基础研究"，其企业创新主体作用与技术转化应用能力突出，应加快形成四地之间的优势互补大合作，以跨区域常态化合作机制疏通基础研究、应用研究和产业化双向链接的快车道，搭建开放创新平台助力异地的高校院所科研成果和初创企业在本地转移孵化；争取中央支持，联合四地共同打造跨区域知识产权和科技成果产权交易平台，积极开展协议定价、挂牌出让、拍卖等传统交易，促进科技成果精准对接。

四、进一步加强产业协同共建

差异化协同发展的重点难点都在产业方面。综合性国家科学中心要实现高质量发展，就应以科研促技术提升、以技术创新促产业发展，再以产业发展促经济发展。经济协同是区域协同发展的关键内容，产业是经济发展的命脉，那么产业协同必然是区域协同发展的核心选择。从四大综合性国家科学中心的经济发展与产业发展来看，一方面，由于地理位置、资源禀赋、市场环境等原因，四地经济发展相对不平衡，主导产业相似度较高，张江、深圳经济实力雄厚、经济集中度高，在一定程度上带动着上海市以及粤港澳大湾区的经济增长；合肥尚未形成较为成熟的经济体系，与同类城市相比经济发展滞后，但增速较快；怀柔经济体量与北京市其他区相差较大，且发展潜力不足，多年来也未见起色，究其原因与其更为重视未来产业发展、缺乏具有竞争力的大型企业、创新创业氛围相对薄弱等都有一定的关系。另一方面，四地主导产业相似度较高，均是面向世界科技前沿与国家重大发展需求，以关键核心技术突破为发展基础的高端产业，且三次产业结构渐次进入以知识密集型为主体、服务业为主导的后工业化阶段，产业结构更加合理。在经济发展差异化、产业结构同质化的情势下，如何避免产业同质化与资源错配，实现区域间产业的有效分工与错位发展，以相当程度的差异化，实现效益的最大化，需要做到以下几个方面。

（一）合理规划产业分工

在充分发挥四大科学中心各自优势特色的基础上，创新产业布局，降低同质化竞争，打造城市间产业联动、优势互补、扬长避短的发展格局。可根据各城市的禀赋优势，加强顶层设计，站在统一战略层面为四地的产业布局擘画发展蓝图，健全统一规划体系，深化区域合作机制的实施与保障，因地制宜地明确各地功能定位，实现错位抱团发展。从现实角度进行分析，如合肥作为经济实力相对薄弱的城市，应将主动承接上海、北京、深圳等一线城市的产业转移与溢出效应作为产业转型升级的重要途径，以便更加便捷有效地利用外资，加速培育新型平板显示、集成电路、新一代信息技术、新能源等重点发展的战略性新兴产业，加快缩小与武汉、杭州、苏州等同类城市之间的差距，打造先进制造业新高地。此外，合肥可以将自身定位为拥有一定影响力的"上海国际金融中心后花园"，将自身建设有效融入上海国际金融中心的建设中，为中部崛起贡献力量。例如，四地地理位置不相邻也会带来相对羸弱的壁垒隔阂的优势，若要加强怀柔科学中心与深圳、上海之间的互动，从产业链角度出发，怀柔可利用北京的政治优势、人才优势、国际交往优势所带来的辐射效应，专心搞尖端研发。深圳、上海应利用经济规模优势、产业与企业优势、政策优势等，重点将怀柔基础研究的成果产业化，通过产业链合理分工，使潜在比较优势充分发挥，构建沿海城市与内陆城市联动新模式。上海、深圳两地可进一步加强金融市场的互通互联，相互疏通融资渠道，实现金融科创双赢合作，同时带动长三角、大湾区其他城市金融业的快速发展。

（二）打造区域间协同创新的产业生态

面向四大综合性国家科学中心实际需求，充分发挥高校、科研院所、重点实验室、重点企业以及企业技术中心的积极性，加强区域间的合作研发，探索重大科研项目产学研联合申报、面向产业需求评审、全生命周期管理、产业化指标优先的验收机制；支持高校参与重大科技基础设施建设，共同承担关键技术和设备预研项目，加速衍生新技术、新工艺，促进产业转型升级；紧紧抓住新一轮科技革命和产业变革的机遇，实施产业基础再造工程，解决产业"弱基"和关键技术"受制于人"问题，以区域间产业协同倒逼产业升级，实现新旧动能转换；以产业飞地、科创飞地等形式开启区域协同发展新篇章，鼓励四地在产业发展、科研创新重点领域共享平台、要素、资源，以及共建区域交通基础设施与公共服务配套设施，打造互通互联新高度。

（三）健全产业协同发展体制机制

强化"互补耦合"，实行产业机制协同，对于增强产业协同发展韧性至关重要（成青青，2022）。针对四地仍存在制约要素自由流动的区域壁垒，且相互之间产业技术标准、环保标准仍不一致等问题，建议应进一步强化四地的体制机制保障与简政放权，清理制约要素自由流动的地方性政策法规，加快制定统一的市场准入制度与行业技术标准，建立公平开放透明的市场规则；统筹建立四地之间的产业协同发展利益协调机制，通过事后协调的利益补偿机制，实现对协同发展过程中利益受损的一方给予相应的补偿，平衡区域合作中的利益格局，形成公平竞争的发展环境。

五、进一步加强城市文化对接

城市是人类文明与经济社会进步的结晶。现代城市不仅是集政治、经济、科技、产业、基础设施配套等于一体的人类聚居地，也是文化、历史等无形资源的容器。伴随着城市的高速发展，人类不仅对科技创新、经济发展的需求日益迫切，对文化、文明以及价值观的追寻更是从未间断，因为这些要素才是一座城市的灵魂与不可替代的软实力，是其最高与最终的价值所在。因此，关于四大综合性国家科学中心的差异化协同发展，不仅要考虑相互之间规则、人才、科技、产业的衔接，也要考虑文化以及价值观的耦合互动。

（一）实现文化融合共生

北京作为全国的文化中心，是一座千年古都，拥有深厚的文化底蕴与丰富的文化资源，近年来更是深入推进文化产业政策创新，实现了文化产业营商环境的进一步优化。上海也是一座历史文化名城，人文积淀深厚，历史源远流长，文物古迹众多，吴越传统文化与移民文化交相辉映，形成了特有的海派文化。合肥是皖北中原文化与皖南皖江文化的集大成者，历经千年积淀与世代传承，具备独特的文化魅力与深厚的历史沉淀，近年来政府更是大力推动文化产业跨越式发展，从政策保障、招商引资、投融资支持、经费保障等方面为文化产业发展注入不竭动力。与北京、上海、合肥相比，深圳则属于"文化沙漠"，缺少传统文化的浸润，但作为改革开放的排头兵与重要窗口，深圳正在加快建设中国特色社会主义先行示范区，在创新文化产业体制机制改革、构建现代文化产业体系、打造开放多元、兼容并蓄的城市文化等方面优势显著。因此，四地在文化产业发展上各有所长，拥有较大的协同发展空间。建议区域间共建文化交流合作平台，推动四地在文化科技融合、文化旅游融合、文化创作生产、文化演艺合作等方面加强交流，学习对方优秀传统文化，为四地文化产业高质量发展赋能；支持区域间共同举办特色文化节，将自身优秀的传统文化传承下来并发扬光大，鼓励文化企业引进国内外知名品牌，建立文化产业联盟，促进文化产业协同发展；建立区域间文化产业人才培养与共享机制，整合四地高校及科研力量，合作举办文化产业人才培训班，鼓励人才跨区域自由流动。

（二）构建"科技向善"的核心价值体系

坚持"科技向善"，有所为，有所不为，是知识经济时代人类必须要守住的道德底线。作为代表国家水平、体现国家意志、承载国家使命的国家级创新平台，四大综合性国家科学中心应参考硅谷、以色列等世界科技创新中心价值引领模式，合力代表我国向世界倡导服务人类命运共同体的科学价值观和科研伦理规范，形成以"科技向善"为核心、以增进人类共同福祉为根本目标的科技创新价值导向，面向世界发布科学家宣言，增强对海内外科学家的价值吸引。四大综合性国家科学中心有责任也有义务在全世界推动凸显中国气派、融汇中西文化、获得国际认同的科学价值话语体系的构建，打造服务人类命运共同体的学术共同体，向世界发出中国最强音。

参考文献

一、中文部分

[1] [联邦德国] H. 哈肯：《协同学》，徐锡申、陈式刚、陈雅深等译，原子能出版社 1984 年版。

[2] [美] 埃弗雷特·M. 罗杰斯：《创新的扩散》，辛欣译，中央编译出版社 2002 年版。

[3] 艾晓玉、尹继东：《协同创新的动态演进机制——基于 CAS 理论的分析框架》，载于《科技管理研究》2015 年第 18 期。

[4] [美] 拜瑞·J. 内勒巴夫、亚当·M. 布兰登勃格：《合作竞争》，王煜全、王煜昆译，安徽人民出版社 2000 年版。

[5] 北京市人民政府：《北京市"十四五"时期国际科技创新中心建设规划》，载于《北京日报》2021 年 11 月 24 日。

[6] [英] 贝蒂塔·范·斯塔姆：《创新力》，刘寅龙译，高等教育出版社 2004 年版。

[7] [英] 贝尔纳：《历史上的科学》，伍况甫译，科学出版社 1959 年版。

[8] 炳德日雅：《马克思主义人才概念探析》，载于《语文学刊》2015 年第 22 期。

[9] 陈光：《企业内部协同创新研究》，西南交通大学博士学位论文，2005 年 5 月。

[10] 陈庆云：《公共政策的理论界定》，载于《中国行政管理》1995 年第 11 期。

[11] 陈庆云：《公共政策分析》，中国经济出版社 1996 年版。

[12] 陈益升、陆容安、欧阳资力：《国际科学城（园）综述》，载于《科学对社会的影响》（中文版）1995 年第 3 期。

[13] 陈勇星、屠文娟、季萍、胡桂兰：《江苏省实施创新驱动战略的

路径选择》，载于《科技管理研究》2013 年第 4 期。

[14] 陈振明：《公共管理学——一种不同于传统行政学的研究途径》（第 2 版），中国人民大学出版 2003 年版。

[15] 陈志、陈健：《从重大科技基础设施到科学城："三级跳"中的功能复合与难点》，载于《科技中国》2019 年第 2 期。

[16] 成青青：《基于比较优势的互补耦合产业协同发展——来自南通市与长三角区域相关城市的数据样本》，载于《嘉兴学院学报》2022 年第 34 辑第 1 期，第 92~100 页。

[17] 成思危：《复杂科学与组织管理》，载于《科学》2001 年第 1 期。

[18] 程梅青、杨冬梅、李春成：《天津市科技服务业的现状及发展对策》，载于《中国科技论坛》2003 年第 3 期。

[19] 储节旺、曹振祥：《综合性国家科学中心情报保障体系和运行模式构建——以合肥为例》，载于《图书情报工作》2018 年第 8 期。

[20] 春燕、张宇飞：《东京全球创新网络节点城市建设：国家与地方的"退""进"协同》，载于《华东科技》2016 年第 6 期。

[21]《辞海》编辑委员会：《辞海》，上海辞书出版社 1980 年版。

[22] 崔宏轶、张超：《综合性国家科学中心科学资源配置研究》，载于《经济体制改革》2020 年第 2 期。

[23] 邓丹青、杜群阳、冯李丹、贾玉平：《全球科技创新中心评价指标体系探索——基于熵权 TOPSIS 的实证分析》，载于《科技管理研究》2019 年第 14 期。

[24]《邓小平文选》（第三卷），人民出版社 1993 年版，第 110 页。

[25] 董博：《走向人才强国的治理之路——中国人才发展治理及其体系构建研究》，东北师范大学出版社 2020 年版。

[26] 董景荣：《技术创新扩散的理论、方法与实践》，科学出版社 2009 年版。

[27] 杜德斌：《全球科技创新中心动力与模式》，上海人民出版社 2015 年版。

[28] 杜德斌、何舜辉：《全球科技创新中心的内涵、功能与组织结构》，载于《中国科技论坛》2016 年第 2 期。

［29］［英］弗里曼：《工业创新经济学》，华宏勋译，北京大学出版社 2004 年版。

［30］符天蓝：《国际湾区区域协调治理机构及对粤港澳大湾区的启示》，载于《城市观察》2018 年第 6 期。

［31］傅家骥：《技术创新学》，清华大学出版社 1998 年版。

［32］高洪深：《区域经济学》，中国人民大学出版社 2002 年版。

［33］葛焱、邹晖、周国栋：《国家重大科技基础设施的内涵、特征及建设流程》，载于《中国高校科技》2018 年第 3 期。

［34］顾新：《区域创新系统论》，四川大学博士学位论文，2002 年 3 月。

［35］国家发展改革委、外交部、商务部：《推动共建丝绸之路经济带和 21 世纪海上丝绸之路的愿景与行动》，载于《人民日报》2015 年 3 月 29 日。

［36］国务院：《国家中长期科学和技术发展规划纲要（2006—2020 年)》，中华人民共和国中央人民政府门户网站，2006 年 2 月 9 日。

［37］国务院：《国务院关于全面加强基础科学研究的若干意见》，中华人民共和国中央人民政府门户网站，2018 年 1 月 31 日。

［38］国务院：《国务院关于印发北京加强全国科技创新中心建设总体方案的通知》，中华人民共和国中央人民政府门户网站，2016 年 9 月 18 日。

［39］国务院：《国务院关于印发国家重大科技基础设施建设中长期规划（2012—2030 年）的通知》，中华人民共和国中央人民政府门户网站，2013 年 3 月 4 日。

［40］国务院：《中共中央国务院关于建立更加有效的区域协调发展新机制的意见》，载于《人民日报》2018 年 11 月 30 日。

［41］［美］哈尔·R. 范里安：《微观经济学：现代观点》，费方域等译，格致出版社 2006 年版。

［42］［美］亨利·埃茨科维兹：《三螺旋创新模式》，陈劲译，清华大学出版社 2016 年版。

［43］洪银兴：《论创新驱动经济发展战略》，载于《经济学家》2013 年第 1 期。

［44］胡长生：《创新驱动发展战略的历史选择与实现路径》，载于《中国井冈山干部学院学报》2015 年第 2 期。

［45］胡婷婷、文道贵：《发达国家创新驱动发展比较研究》，载于《科学管理研究》2013 年第 2 期。

［46］胡学勤：《经济辐射理论与我国经济发展战略构想》，载于《扬州大学学报（人文社会科学版）》2003 年第 6 期。

［47］黄宁燕、王培德：《实施创新驱动发展战略的制度设计思考》，载于《中国软科学》2013 年第 4 期。

［48］季元杰：《"科学发展观与公共政策理论和实践"研讨会综述》，载于《理论探讨》2009 年第 1 期。

［49］《江泽民文选（第三卷）》，人民出版社 2006 年版，第 319 页。

［50］姜璐、李克强：《简单巨系统演化理论》，北京师范大学出版社 2002 年版。

［51］金林：《科技中小企业与科技中介协同创新研究》，大连理工大学硕士学位论文，2007 年 6 月。

［52］金指基：《熊彼特经济学》，北京大学出版社 1996 年版。

［53］［美］卡斯特尔斯·曼纽尔、［英］彼得·霍尔：《世界的高技术园区——21 世纪产业综合体的形成》，李鹏飞、范琼英、王缉慈译，北京理工大学出版社 1998 年版。

［54］科技部：《科技部印发〈关于加强科技创新促进新时代西部大开发形成新格局的实施意见〉的通知》，中华人民共和国科学技术部门户网站，2021 年 2 月 25 日。

［55］科技部：《科技部印发〈关于推进国家技术创新中心建设的总体方案（暂行）〉的通知》，中华人民共和国中央人民政府门户网站，2020 年 3 月 23 日。

［56］科技部等：《科技部 发展改革委 教育部 中科院 自然科学基金委关于印发〈加强"从 0 到 1"基础研究工作方案〉的通知》，中华人民共和国科学技术部门户网站，2020 年 3 月 3 日。

［57］科技部等：《科技部等十三部门印发〈关于支持女性科技人才在科技创新中发挥更大作用的若干措施〉的通知》，中华人民共和国科学技

术部门户网站，2021 年 7 月 19 日。

［58］［法］雷内·托姆：《结构稳定性与形态发生学》，中国科学院大气物理研究所等译，四川教育出版社 1992 年版。

［59］黎静：《打破"藩篱"，合肥科技成果转化加速跑》，载于《合肥日报》2021 年 4 月 19 日。

［60］李国平、杨艺：《打造世界级综合性国家科学中心》，载于《前线》2020 年第 9 期。

［61］李红兵：《合肥综合性国家科学中心建设现状与对策建议》，载于《科技中国》2020 年第 4 期。

［62］李军岩、刘颖：《后疫情时期东北冰雪旅游产业差异化协同发展研究》，载于《沈阳体育学院学报》2020 年第 3 期。

［63］李美桂、赵兰香、张大蒙：《基于产业知识基础的北京科技创新中心建设研究》，载于《科学学研究》2016 年第 12 期。

［64］李志遂、刘志成：《推动综合性国家科学中心建设 增强国家战略科技力量》，载于《宏观经济管理》2020 年第 4 期。

［65］［美］理查德·佛罗里达：《创意阶层的崛起》，司徒爱勤译，中信出版社 2010 年版。

［66］连瑞瑞：《综合性国家科学中心管理运行机制与政策保障研究》，中国科学技术大学博士学位论文，2019 年 3 月。

［67］联合国开发计划署：《2001 年人类发展报告：让新技术为人类发展服务》，中国财政经济出版社 2001 年版。

［68］梁新元：《复杂系统因果图推理理论与算法研究》，重庆大学博士学位论文，2005 年 10 月。

［69］刘欢：《粤港澳大湾区综合性国家科学中心规划研究》，载于《建筑工程技术与设计》2019 年第 17 期。

［70］刘瑞：《中国政府行政体制制度创新》，山西大学硕士学位论文，2005 年 6 月。

［71］刘思源：《公共政策的基本理论探析》，载于《法制与社会》2015 年第 14 期。

［72］刘志彪：《从后发到先发：关于实施创新驱动战略的理论思考》，

载于《产业经济研究》2011 年第 4 期。

［73］［美］路德维希·冯·贝塔朗菲：《普通系统论的历史和现状》，引自中国社会科学院情报研究所编译：《科学学译文集》，科学出版社 1980 年版。

［74］［美］路德维希·冯·贝塔朗菲：《一般系统论：基础、发展和应用》，林康义、魏宏森译，清华大学出版社 1987 年版。

［75］［美］罗伯特·阿特金森、史蒂芬·埃泽尔、卢克·斯图尔特：《全球创新政策指数报告（2012）》，杨耀武、郭华、魏喜武译，党建读物出版社 2014 年版。

［76］骆建文、王海军、张虹：《国际城市群科技创新中心建设经验及对上海的启示》，载于《华东科技》2015 年第 3 期。

［77］《资本论》（第 1 卷），人民出版社 1975 年版，第 53 页。

［78］《共产党宣言》，人民出版社 1997 年版，第 30 页。

［79］《马克思恩格斯全集》（第 19 卷），人民出版社 1963 年版，第 375 页。

［80］《马克思恩格斯全集》（第 46 卷下），人民出版社 1980 年版，第 211 页。

［81］《马克思恩格斯全集》（第 46 卷下），人民出版社 1980 年版，第 217、218 页。

［82］《马克思恩格斯选集》（第 1 卷），人民出版社 1972 年版，第 108 页。

［83］马醉陶：《高新区创新网络、吸收能力、知识溢出对技术创新扩散影响的实证研究》，中南大学硕士学位论文，2013 年 5 月。

［84］［美］迈克尔·波特：《国家竞争优势》，李明轩、邱如美译，中信出版社 2007 年版。

［85］［美］迈克尔·波特：《竞争战略》，陈丽芳译，中信出版社 2014 年版。

［86］梅保华：《国外科学城建设综述》，载于《城市问题》1985 年第 2 期。

［87］聂有福：《综合性国家科学中心专利运营模式研究》，中国科学技术大学硕士学位论文，2018 年 6 月。

［88］［美］诺伯特·维纳：《控制论：或关于在动物和机器中控制和通信的科学》，郝季仁译，科学出版社 2019 年版。

［89］潘小民：《公共政策前沿理论及其本土化问题研究》，载于《中国科技信息》2008 年第 2 期。

［90］彭劲松：《我国科学城的定位和战略功能布局——以重庆为例》，载于《城市》2018 年第 10 期。

［91］钱学森：《论系统工程》，湖南科学技术出版社 1982 年版。

［92］钱学森、于景元、戴汝为：《一个科学新领域——开放的复杂巨系统及其方法论》，中国系统工程学会会议论文，1990 年 8 月。

［93］钱智、李锋、李敏乐：《找准自身优势，体现国家战略"上海建设具有全球影响力科技创新中心北京高层专家咨询会议"综述》，载于《科学发展》2015 年第 6 期。

［94］钱智、史晓琛、骆金龙：《提升张江综合性国家科学中心集中度和显示度研究》，载于《科学发展》2017 年第 11 期。

［95］任杭洲：《"一带一路"倡议下新疆体育产业区域差异化协同路径研究》，载于《体育科技文献通报》2018 年第 8 期。

［96］荣萍：《张江发布大科学装置成果彰显大国之重器》，载于《中国高新区》2016 年第 4 期。

［97］阮玉宝：《基于公共政策理论对完善越南出版活动的思考》，东北师范大学硕士学位论文，2012 年 6 月。

［98］尚云杰、殷杰：《复杂性理论与公共政策研究》，载于《科学技术哲学研究》2014 年第 6 期。

［99］深圳市科技创新委员会：《深圳经济特区科技创新条例》，深圳政府在线，2021 年 1 月 29 日。

［100］盛亚：《技术创新扩散的学习论》，载于《科技进步与对策》2004 年第 1 期。

［101］石碧华：《我国科学城建设的现状和出路》，载于《理论视野》2012 年第 4 期。

［102］［英］斯通曼：《技术变革的经济分析》，北京技术经济和管理现代化研究会技术经济学组译，机械工业出版社 1989 年版。

［103］［美］斯图亚特·S. 那格尔：《政策研究百科全书》，林明等译，科学技术文献出版社 1990 年版。

［104］宋卫清：《国家间公共政策的转移——概念、研究态势和理论》，载于《公共管理学报》2008 年第 4 期。

［105］苏东水：《产业经济学》（第五版），高等教育出版社 2000 年版。

［106］孙长青：《长江三角洲制药产业集群协同创新研究》，华东师范大学博士学位论文，2009 年 4 月。

［107］孙瑕、白东明：《领导科学辞典》，东北师范大学出版社 1998 年版。

［108］孙霞：《分形原理及其应用》，中国科学技术大学出版社 2003 年版。

［109］［美］托马斯·R. 戴伊：《理解公共政策》，谢明译，北京大学出版社 2006 年版。

［110］王彩波、丁建彪：《社会公平视角下公共政策有效性的路径选择——关于公共政策效能的一种理论诠释》，载于《吉林大学社会科学学报》2012 年第 2 期。

［111］王德禄：《以新经济视角看"科技创新中心"》，载于《中关村》2014 年第 6 期。

［112］王海燕、郑秀梅：《创新驱动发展的理论基础、内涵与评价》，载于《中国软科学》2017 年第 1 期。

［113］王贻芳、白云翔：《发展国家重大科技基础设施 引领国际科技创新》，载于《管理世界》2020 年第 5 期。

［114］王智毓：《我国科技服务业对促进技术创新效应研究——兼析科技服务业在创新要素融入技术创新过程的中介作用》，载于《价格理论与实践》2020 年第 3 期。

［115］王智源：《关于合肥建设综合性国家科学中心的思考与建议》，载于《中共合肥市委党校学报》2016 年第 5 期。

［116］王子丹、袁永、胡海鹏、廖晓东、邱丹逸：《粤港澳大湾区国

际科技创新中心四大核心体系建设研究》，载于《科技管理研究》2021 年第 1 期。

[117] 危怀安、聂继凯：《协同创新的内涵及机制研究述评》，载于《中共贵州省委党校学报》2013 年第 1 期。

[118] 吴季：《大科学装置项目国家在未来应该给予更多的支持》，中华人民共和国国务院新闻办公室，2018 年 2 月 27 日。

[119] 吴祥兴、陈忠：《混沌学导论》，上海科学技术文献出版社1996 年版。

[120] 吴旭晓：《基于复杂系统理论的区域中心城市内涵式发展研究》，天津大学博士学位论文，2011 年 5 月。

[121] 伍启远：《公共政策》，台湾商务印书馆 1992 年版。

[122] 武春友：《技术创新扩散》，化学工业出版社 1997 年版。

[123] 习近平：《决胜全面建成小康社会 夺取新时代中国特色社会主义伟大胜利》，载于《人民日报》2017 年 10 月 19 日。

[124] 习近平：《努力成为世界主要科学中心和创新高地》，载于《求是》2021 年第 6 期。

[125] 习近平：《在深圳经济特区建立 40 周年庆祝大会上的讲话》，载于《人民日报》2020 年 10 月 15 日。

[126] 夏东平：《辩识"技术转移"和"成果转化"》，载于《华东科技》2017 年第 1 期。

[127] 肖林：《未来 30 年上海全球科技创新中心与人才战略》，载于《科学发展》2015 年第 7 期。

[128] 熊鸿儒：《全球科技创新中心的形成与发展》，载于《学习与探索》2015 年第 9 期。

[129] 许国志：《系统科学》，上海科技教育出版社 2000 年版。

[130] 许庆瑞、谢章澍：《企业创新协同及其演化模型研究》，载于《科学学研究》2004 年第 3 期。

[131] [英] 亚当·斯密：《国富论》，杨敬年译，陕西人民出版社1999 年版。

[132] 杨朝辉：《创新经济理论的马克思主义渊源分析》，载于《青海

社会科学》2014 年第 4 期。

[133] 杨森、许平祥、白兰：《京津冀生态化路径的差异化与协同效应研究——基于 STIRPAT 模型行业动态面板数据的 GMM 分析》，载于《工业技术经济》2019 年第 12 期。

[134] 叶林、赵旭铎：《科技创新中的政府与市场：来自英国牛津郡的经验》，载于《公共行政评论》2013 年第 5 期。

[135] 叶茂、江洪、郭文娟、龚琴：《综合性国家科学中心建设的经验与启示——以上海张江、合肥为例》，载于《科学管理研究》2018 年第 4 期。

[136] 叶玉瑶、王景诗、吴康敏、杜志威、王洋、何淑仪、刘郑倩：《粤港澳大湾区建设国际科技创新中心的战略思考》，载于《热带地理》2020 年第 1 期。

[137] 叶忠海：《人才学概论》，湖南人民出版社 1983 年版。

[138] 叶忠海：《新编人才学通论》，党建读物出版社 2013 年版。

[139] 袁峥嵘、杜霈：《我国实现创新驱动发展战略的路径分析》，载于《改革与战略》2014 年第 9 期。

[140] [美] 约翰·H. 霍兰：《隐秩序：适应性造就复杂性》，周晓牧、韩晖译，上海科技教育出版社 2000 年版。

[141] [美] 约瑟夫·熊彼特：《经济发展理论》，何畏、易家详等译，商务印书馆 2020 年版。

[142] [美] 詹姆斯·E. 安德森：《公共决策》，唐亮译，华夏出版社 1990 年版。

[143] 张金马：《政策科学导论》，中国人民大学出版 1992 年版。

[144] 张来武：《论创新驱动发展》，载于《中国软科学》2013 年第 1 期。

[145] 张玲玲、王蝶、张利斌：《跨学科性与团队合作对大科学装置科学效益的影响研究》，载于《管理世界》2019 年第 12 期。

[146] 张小明：《论公共政策过程理论分析框架：西方借鉴与本土资源》，载于《北京科技大学学报（社会科学版）》2013 年第 4 期。

[147] 张秀萍、卢小君、黄晓颖：《基于三螺旋理论的区域协同创新

网络结构分析》，载于《中国科技论坛》2016 年第 11 期。

[148] 张耀方：《综合性国家科学中心的内涵、功能与管理机制》，载于《中国科技论坛》2017 年第 6 期。

[149] 赵红州：《科学能力学引论》，科学出版社 1984 年版。

[150] 赵虎、王兴平、李迎成：《规划更有内涵和活力的科研园区——新版美国〈三角研究园区总体规划〉的解读和启示》，载于《规划师》2014 年第 3 期。

[151] 赵莉晓：《创新政策评估理论方法研究——基于公共政策评估逻辑框架的视角》，载于《科学学研究》2014 年第 2 期。

[152] 中共安徽省委、安徽省人民政府：《中共安徽省委 安徽省人民政府关于合芜蚌自主创新综合配套改革试验区的实施意见（试行）》，载于《安徽科技》2008 年第 11 期。

[153] 中共上海市委、上海市人民政府：《关于加快建设具有全球影响力的科技创新中心的意见》，载于《解放日报》2015 年 5 月 27 日。

[154]《成渝地区双城经济圈建设规划纲要》，载于《人民日报》2021 年 10 月 21 日。

[155]《国家中长期人才发展规划纲要（2010—2020 年)》，载于《人民日报》2010 年 6 月 7 日。

[156]《横琴粤澳深度合作区建设总体方案》，载于《人民日报》2021 年 9 月 6 日。

[157]《全面深化前海深港现代服务业合作区改革开放方案》，载于《人民日报》2021 年 9 月 7 日。

[158]《中共中央 国务院关于进一步加强人才工作的决定》，载于《人民日报》2004 年 1 月 1 日。

[159]《中共中央 国务院关于深化科技体制改革加快国家创新体系建设的意见》，中华人民共和国中央人民政府门户网站，2012 年 9 月 23 日。

[160]《中共中央 国务院关于支持浦东新区高水平改革开放打造社会主义现代化建设引领区的意见》，中华人民共和国中央人民政府门户网站，2021 年 7 月 15 日。

[161]《中共中央 国务院关于支持深圳建设中国特色社会主义先行示

范区的意见》，中华人民共和国中央人民政府门户网站，2019 年 8 月 18 日。

［162］《中共中央 国务院印发〈国家创新驱动发展战略纲要〉》，中华人民共和国国务院新闻办公室，2016 年 5 月 20 日。

［163］《中共中央 国务院印发〈粤港澳大湾区发展规划纲要〉》，中华人民共和国中央人民政府门户网站，2019 年 2 月 18 日。

［164］中国共产党第十八届中央委员会第五次全体会议：《中共中央关于制定国民经济和社会发展第十三个五年规划的建议》，载于《人民日报》2015 年 11 月 4 日。

［165］中国共产党第十九届中央委员会第五次全体会议：《中共中央关于制定国民经济和社会发展第十四个五年规划和二〇三五年远景目标的建议》，载于《人民日报》2020 年 11 月 4 日。

［166］中国社会科学院语言研究所：《现代汉语词典》（第 7 版），商务印书馆 2016 年版。

［167］《中华人民共和国国民经济和社会发展第十三个五年规划纲要》，载于《人民日报》2016 年 3 月 18 日。

［168］《中华人民共和国国民经济和社会发展第十四个五年规划和 2035 年远景目标纲要》，载于《人民日报》2021 年 3 月 13 日。

［169］朱东、杨春、张朝晖：《科学与城的有机融合——怀柔科学城的规划探索与思考》，载于《城市发展研究》2020 年第 1 期。

［170］朱祖平：《企业协同创新机制与管理再造》，载于《管理与效益》1998 年第 1 期。

［171］邹士年：《公共政策理论模式分析及中国的公共政策理论模式选择》，载于《经济研究导刊》2009 年第 16 期。

二、外文部分

［172］Abend C. Joshua, Innovation Management：The Missing Link in Productivity. *Management Review*，Vol. 68，No. 6，June 1979，pp. 25 – 30.

［173］Anttiroiko A. V.，Science Cities：Their Characteristics and Future Challenges. *International of Technology Management*，Vol. 28，No. 3，March 2004，pp. 395 – 418.

［174］ Cooke P. , Regional Innovation: Institutional and Organization Dimensions. *Research Policy*, Vol. 26, No. 1, January 1992, pp. 156 – 171.

［175］ C. E. Shannon, A Mathematical Theory of Communication. *The Bell System Technical Journal*, Vol. 27, No. 3, July 1948, pp. 379 – 423.

［176］ Edwin Mansfield, Technical Change and the Rate of Imitation. *The Econometrica Society*, Vol. 29, No. 4, April 1961, pp. 741 – 756.

［177］ Harold D. Lasswell, The Emerging Conception of the Policy Sciences. *Policy Sciences*, Vol. 1, No. 1, January 1970, pp. 3 – 14.

［178］ Igor Ansoff, Strategies for Diversification. *Harvard Business Review*, Vol. 35, No. 5, May 1957, pp. 113 – 124.

［179］ Ilyong Kim, Managing Korea's System of Technological Innovation. *Interfaces*, Vol. 23, No. 6, June 1993, pp. 13 – 24.

［180］ I. Prigogine, Structure, Dissipation and Life. *Theoretical Physics And Biology*, Vol. 15, No. 3, March 1969, pp. 23 – 52.

［181］ Metcalfe S. , *The Economic Foundations of Technology Policy: Equilibrium and Evolutionary Perspectives*. Oxford: Blackwell, 1995, pp. 14 – 19.

［182］ M. Eigen, Selforganization of Matter and the Evolution of Biological Macromolecules. *Die Naturwissenschaften*, Vol. 58, No. 10, October 1971, pp. 465 – 523.

［183］ Randall B. Ripley and Grace A. Franklin, *Bureaucracy and Policy Implementation*. Home wood: The Dorsey Press, 1982.

［184］ Yuasa M, Center of Scientific Activity: Its Shift from the 16th to the 20th Century. *Japanese Studies in the History of Science*, Vol. 01, No. 1, January 1962, pp. 57 – 75.

后　记

2021 年 1 月开始筹划此书的撰写，距今已整整 1 年时间，过程中有迷茫、有焦虑、有不知所措，其间甚至数次产生想要放弃的念头，但如今看着辛苦撰写的作品已成型，更多的是充实、是收获，是满满的成就感与幸福感。庆幸自己一路坚持下来，此书虽算不上专业性极强的学术著作，更非鸿篇巨制，但也是我翻越了一座又一座"山峰"之后形成的一部诚意之作，此刻倍感欣喜。

关于本书的选题，主要出于两方面的原因。一是工作。深圳市光明区是我结束学生生涯后正式工作的第一站，至今已有 6 年光阴，于我而言，最幸运的是这 6 年是光明区凤凰涅槃、展翅高飞的"黄金时代"，这期间我亲眼见证了光明区一座座高楼如雨后春笋般拔地而起，一条条道路交织成四通八达的路网，繁华替代了幽静，丰饶替代了荒芜。除此之外，区域发展战略定位也实现从"高新技术产业园区"到"世界一流科学城"的历史性跨越，如今更是被国家委以建设大湾区综合性国家科学中心先行启动区的重任，科学已成为光明区崭新的名片。在有幸经历这翻天覆地变化的同时，作为身处光明科学城的一名基层科研工作者，就综合性国家科学中心这一主题进行思考研究，我认为责无旁贷。二是情怀。综合性国家科学中心是"国之重器"，是目前国家参与全球科技竞争与合作的主抓手，这一研究方向具有重要的现实意义，同时与我日常从事的工作以及以往所学专业也息息相关，是我长期关注与思考的领域，因此开展这方面的研究于我而言是有温度有情怀的。2020 年我们曾走访调研了张江、怀柔、合肥等科学中心，目睹了三地科技事业的蒸蒸日上与硕果累累，也积累了不少一手素材，在此基础上更是激发了我对四大综合性国家科学中心如何实现差异化协同发展进行深入研究的念头。

自博士毕业至今，我一直在政府部门工作，眼看着太阳一天天地东升西落，日历一张张地不停翻过，学生时代曾经期许的流光溢彩逐渐被平凡所取代，多年职场生涯渐感岁月的残酷与生命的苍白，在只顾低头走路却忘记抬头看天的日常，我想起了一句话："满地都是六便士，他却抬头看见了月亮"。如若能输出一些对别人有用的东西，这便是属于我的"幸福月光"。因此，在工作之余我开始了本书的撰写。在漫长的研究过程中，通过阅读书籍与文章徜徉于知识的海洋，通过静心思考与虚心求教不断地探索未知领域，看着一个个"困于心，衡于虑"的问题迎刃而解，仿佛回到了意气风发的校园时光。如今这一充满魅力的学术之旅已然落幕，前路依旧漫漫且未知，唯愿凡心所向，素履所往；生如逆旅，一苇以航。不关此世，不负己心；我自倾杯，君且随意。

最后要说明的是，由于综合性国家科学中心属于重大国家战略，四地都在加快推进建设，因此该命题新颖且具有一定的时效性，书中诸如实验室、高校、科研机构等的数量必定处于动态变化之中；同时目前关于"综合性国家科学中心"的学术资料依旧寥寥可数，再加上笔者知识与水平有限等原因，书中不免错误与疏漏，敬请各位读者斧正。

李　媛

2022 年 1 月